"十三五"职业教育规划教材

建筑制图与识图习题集

主　编　王旭东　杜丽英
副主编　韩春威　侯献语
参　编　孙　铁　罗　岩　查湘义　王　威

中国电力出版社
CHINA ELECTRIC POWER PRESS

U0803998

内 容 提 要

本习题集为《“十三五”职业教育规划教材　建筑制图与识图》的配套用书。全书分为 10 章，主要内容包括制图的基本知识，投影的基本知识，点、直线、平面的投影，基本体的投影，组合体的投影，轴测投影，工程形体的表达方法，房屋建筑施工图，房屋结构施工图，建筑给排水施工图，以及五个作业指导书。

本习题集可作为高职高专院校建筑工程技术专业、给排水工程专业、建筑设备专业、建筑安装工程专业等建筑类专业教材的配套用书，也可作为相关专业的培训教材和工程技术人员的参考书。

图书在版编目（CIP）数据

建筑制图与识图习题集/王旭东，杜丽英主编. —北京：中国电力出版社，2017.1

“十三五”职业教育规划教材

ISBN 978-7-5123-9704-0

Ⅰ.①建… Ⅱ.①王… ②杜… Ⅲ.①建筑制图—识图—高等职业教育—习题集 Ⅳ.①TU204.2-44

中国版本图书馆 CIP 数据核字（2016）第 203405 号

中国电力出版社出版、发行　　航远印刷有限公司印刷　　各地新华书店经售

（北京市东城区北京站西街 19 号　100005　http://www.cepp.sgcc.com.cn）

2017 年 1 月第一版　　2017 年 1 月北京第一次印刷

787 毫米×1092 毫米　16 开本　8.25 印张　107 千字　定价 **18.00** 元

敬 告 读 者

本书封底贴有防伪标签，刮开涂层可查询真伪

本书如有印装质量问题，我社发行部负责退换

版 权 专 有　翻 印 必 究

前　　言

本习题集与《建筑制图与识图》教材配套使用，习题的编写顺序与教材内容相对应，教师可根据专业和学时数不同，按实际情况选用。

本习题集由辽宁省交通高等专科学校组织编写，王旭东、杜丽英任主编，韩春威、侯献语任副主编。具体编写分工如下：第 1、8、9 章由王旭东编写；第 2 章由王威、查湘义共同编写、第 3～5 章由杜丽英编写，第 6 章由孙铁、罗岩共同编写；第 7 章由侯献语编写；第 10 章由韩春威编写。全书由杜丽英统稿。

在习题集编写过程中，参考并引用了业内人士编写的书籍和资料，在这里谨向有关作者表示衷心感谢！

限于作者水平，书中疏漏之处在所难免，敬请读者批评指正，提供宝贵意见。

编　者

2016 年 10 月

目　录

前言

第 1 章　制图的基本知识 …… 1
作业指导书一　抄绘平面图形 …… 5
第 2 章　投影的基本知识 …… 6
第 3 章　点、直线、平面的投影 …… 9
第 4 章　基本体的投影 …… 20
第 5 章　组合体的投影 …… 26
作业指导书二　绘制组合体投影图 …… 30
第 6 章　轴测投影 …… 31
第 7 章　工程形体的表达方法 …… 34
第 8 章　房屋建筑施工图 …… 38
作业指导书三　绘制建筑平面图 …… 47
第 9 章　房屋结构施工图 …… 49
作业指导书四　绘制结构施工图 …… 54
第 10 章　建筑给排水施工图 …… 55
作业指导书五　绘制建筑给排水施工图 …… 59
参考文献 …… 62

第 1 章　制图的基本知识

专业　　　　　　班级学号　　　　　　姓名

1. 用下列比例画出长度为 1500mm 的直线。

(1) 1∶20

(2) 1∶25

(3) 1∶30

(4) 1∶50

(5) 1∶100

2. 用下列比例量出线段 AB 的长度。

A ———————————————— B

1∶1=	1∶5=
1∶10=	1∶20=
1∶25=	1∶50=
1∶100=	1∶500=
1∶2000=	

3. 用比例 1∶1 在右边抄画下面的图线。

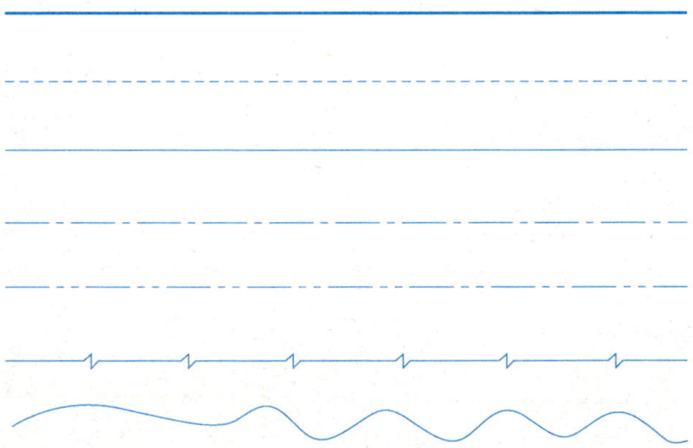

4. 工程字练习。

建 筑 制 图 民 用 房 屋 东 南 西 北 方

向 平 立 剖 面 设 计 说 明 基 散 墙 柱

梁 档 板 楼 梯 框 架 承 重 结 构 门 窗

坡 洞 沟 槽 材 料 钢 筋 水 泥 砂 石 混

凝 土 砖 木 灰 浆 给 排 水 暖 阳 台 雨

ABCDEFGHIJKLMNO

PQRSTUVWXYZ

abcdefghijklmnop

qrstuvwxyz

1234567890

5. 按照作图尺寸规定的标准规范，在右图中进行标注。

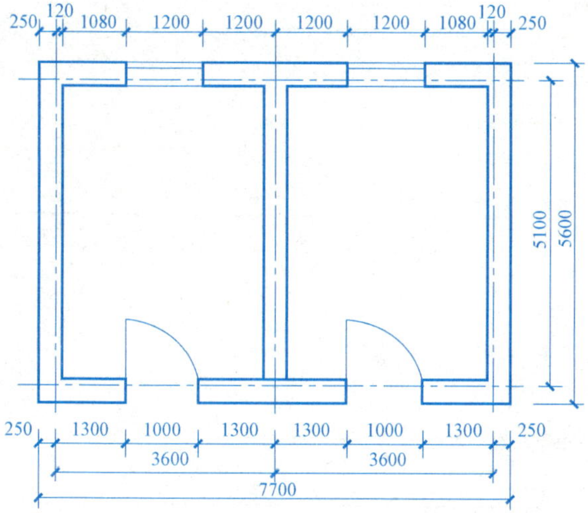

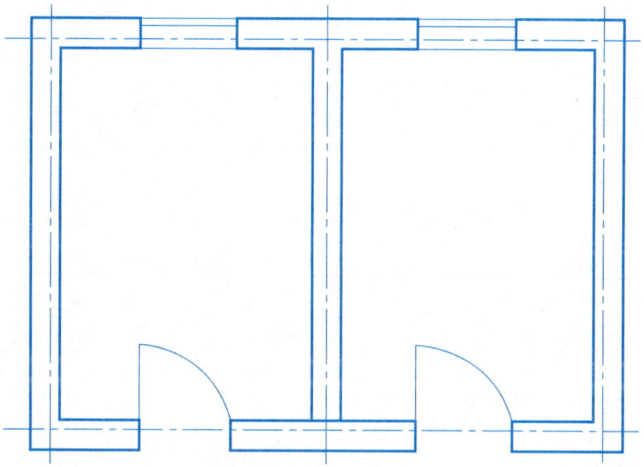

6. 按照图示尺寸 1∶1 的比例抄绘下面平面图形。

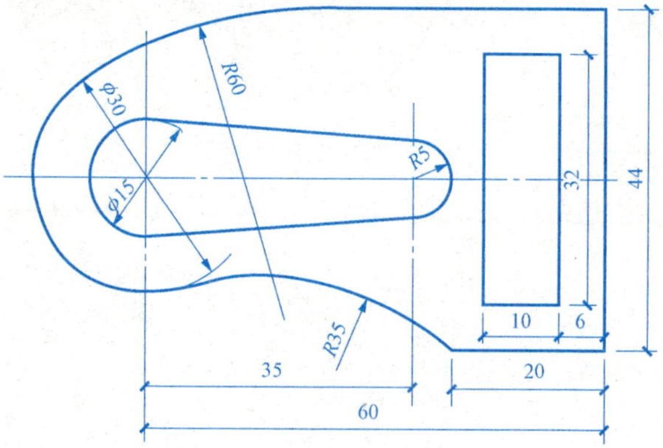

7. 用 1∶1 比例徒手抄绘下面三视图。

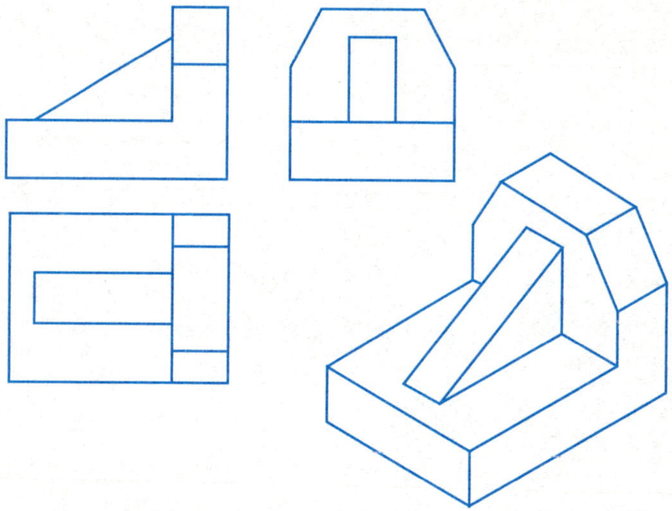

作业指导书一　抄绘平面图形

一、图名：几何作图

二、目的

1. 训练各种图线的绘制方法与技能；工程字的书写方法与技能。

2. 学习和掌握常用绘图仪器和工具的使用方法。

三、内容与要求

1. 图纸：A3幅面绘图纸，铅笔加深。

2. 内容：按图中指定比例抄绘右侧四个图形。

3. 图线要求

(1) 粗实线及中实线黑、光、亮；

(2) 细实线要清晰，虚线、单点画线及双点画线的线段及间隙符合国家规范的规定；

(3) 线宽比例合理、粗细均匀，且同一张图中同一种图线的线宽一致；

(4) 正确处理图线相交部分。

4. 文字要求

图中汉字应写成长仿宋体，图名为7号字，数字3.5号。标题栏中：图名、校名7号字，其余5号字。

5. 其他要求

学生自己绘制图幅线、图框线及标题栏；标题栏参照教材中的学生用标题栏格式。

四、图面要求

布图匀称、作图准确、图线分明、字体工整、整洁美观。

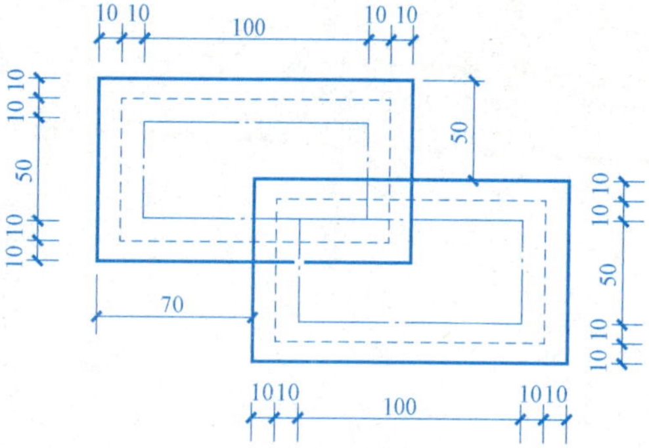

图案(一) 1:2

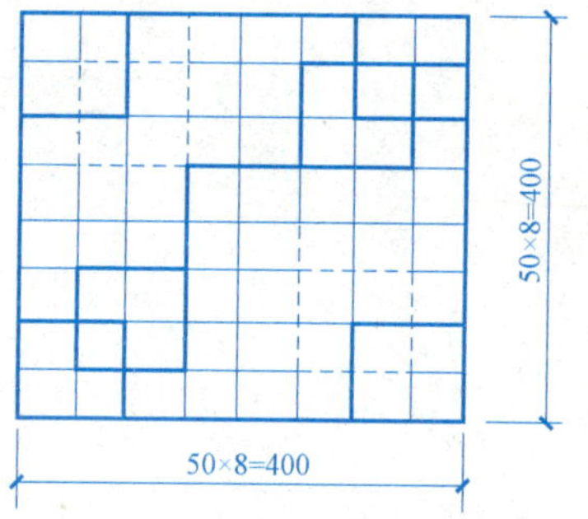

图案(二) 1:5

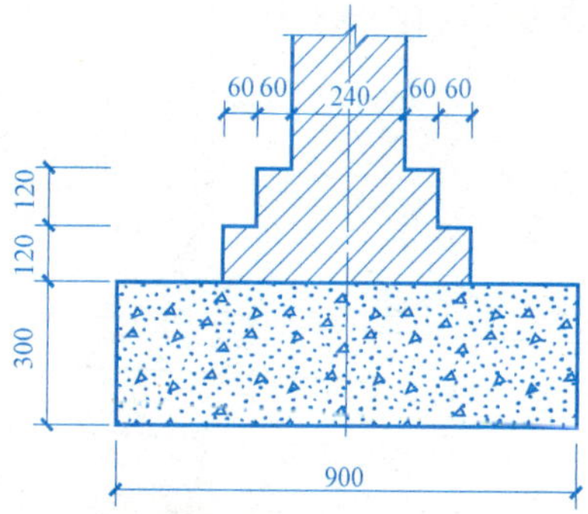

基础 1:10

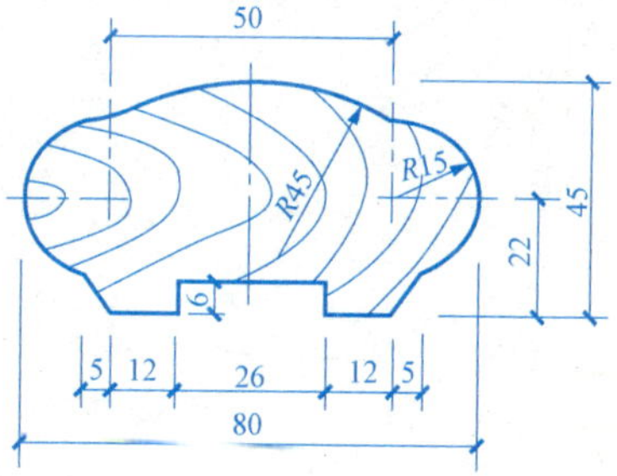

扶手 1:1

1. 判断下列图形的投影分类（填中心投影、正投影、斜投影）。

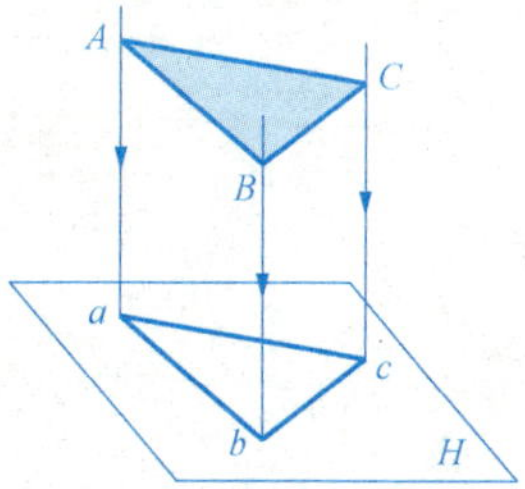

______

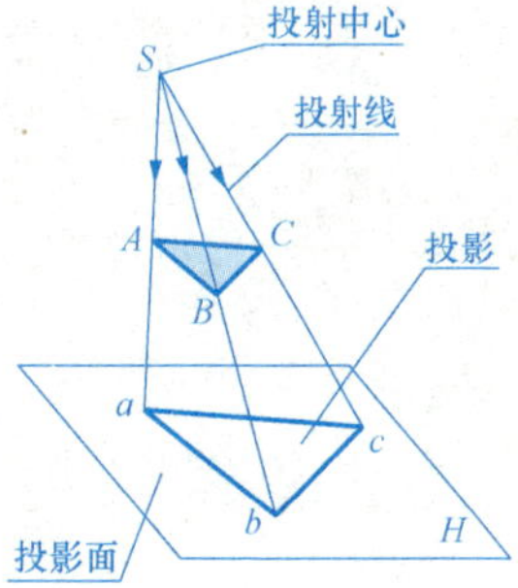

______

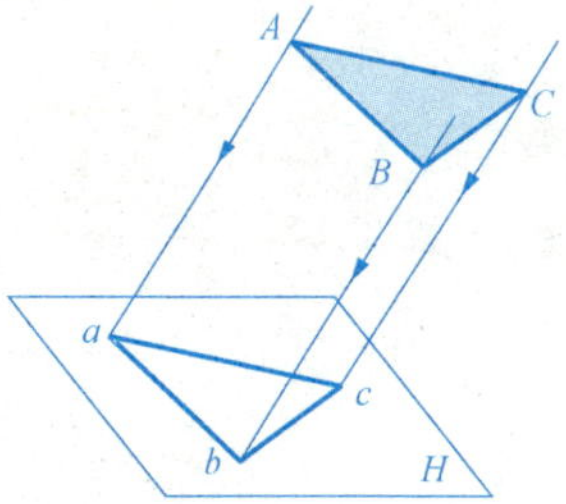

______

2. 参照立体图，在三面投影图的尺寸线上填写长、宽、高。

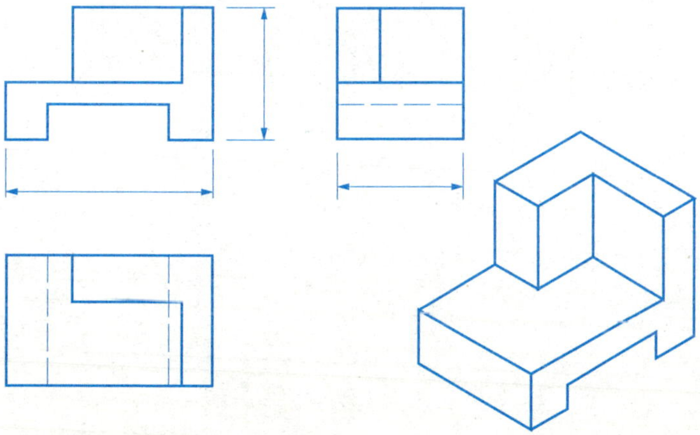

3. 参照立体图，在三面投影图中填写物体的方位。

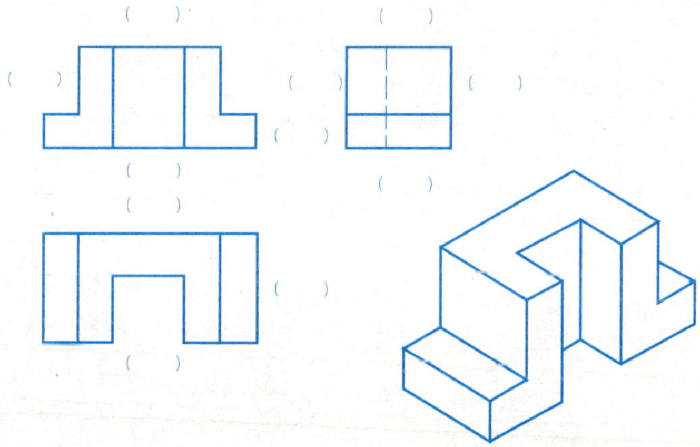

4. 根据立体图，找出对应的三面投影图。

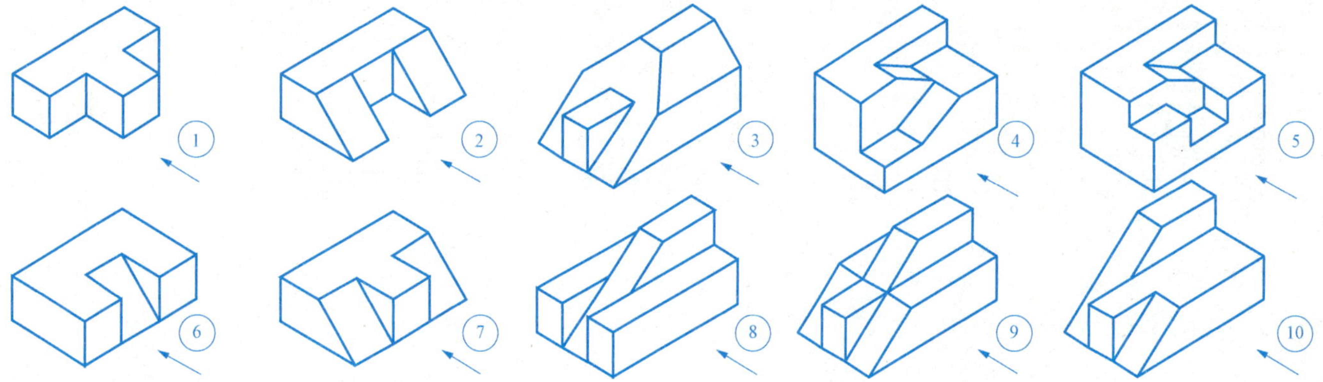

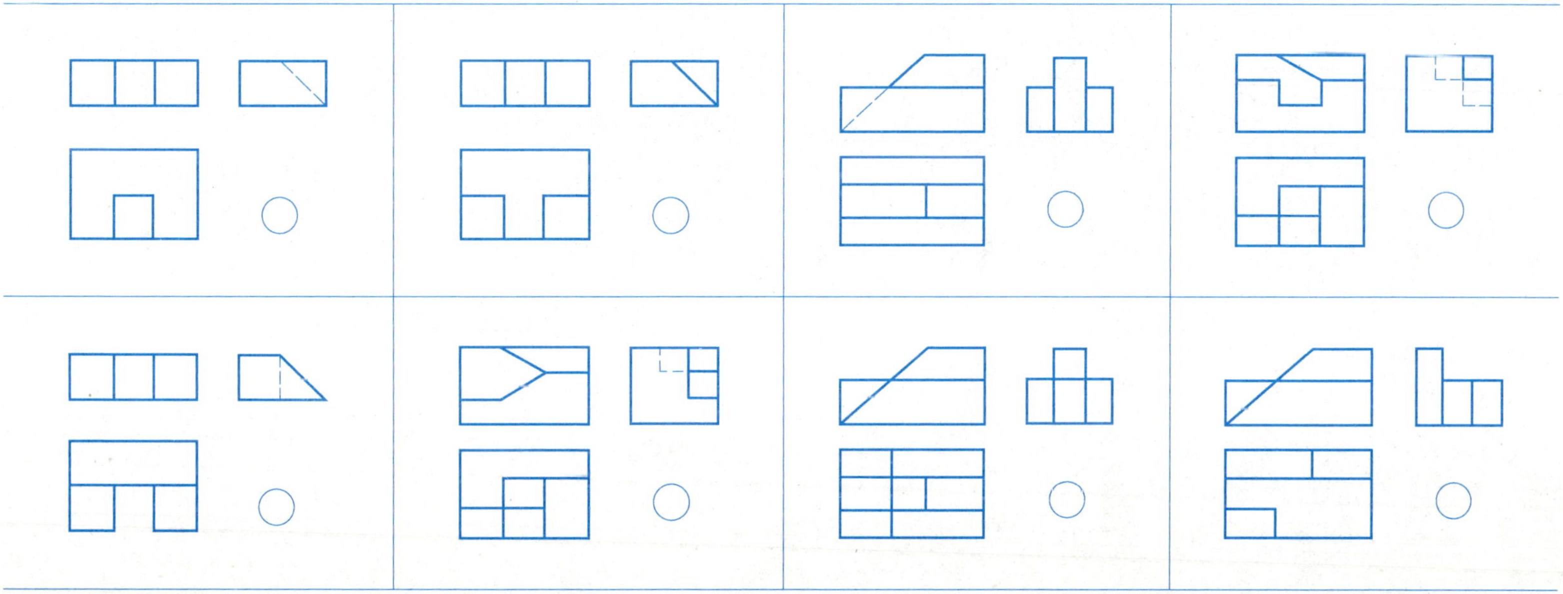

5. 对照立体图，在三面投影图中注明点 A、B、C 的三面投影。

(1)

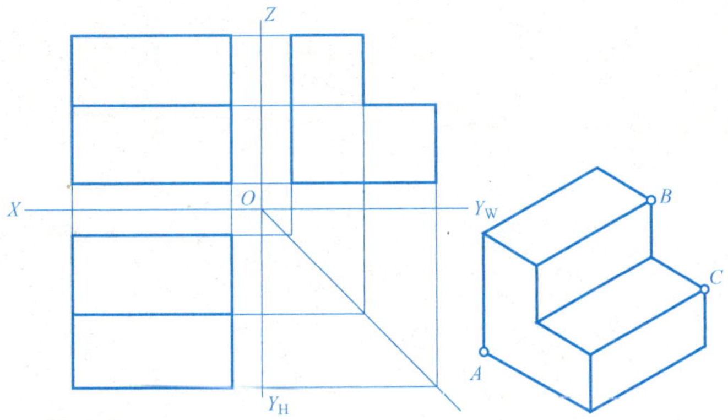

(2)

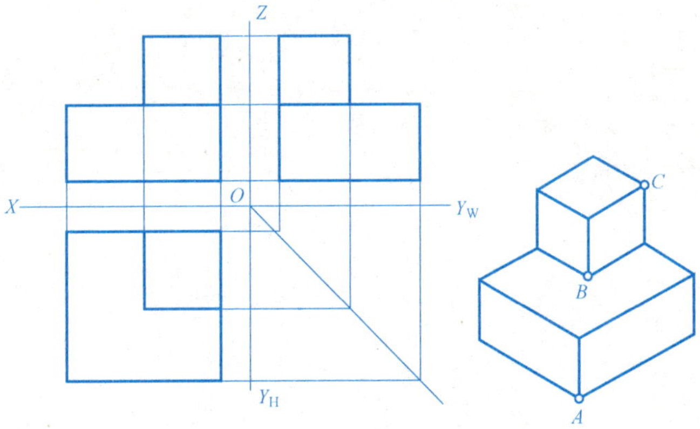

(3)

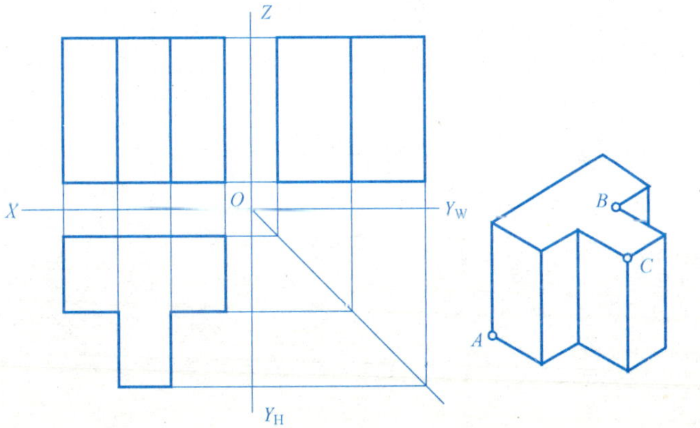

(4)

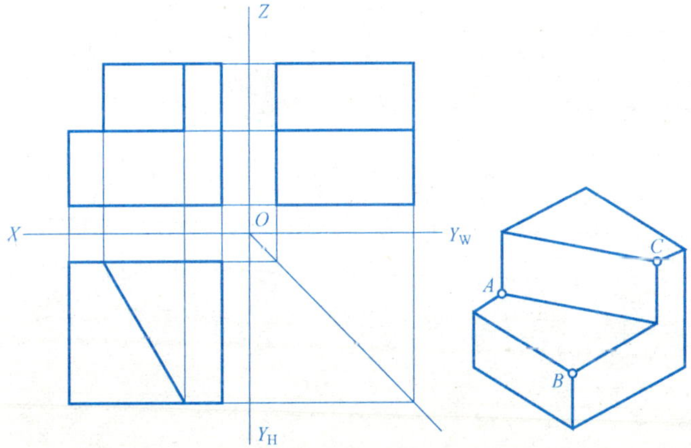

1. 已知点 A、B、C 的两面投影，求出它们的第三面投影。

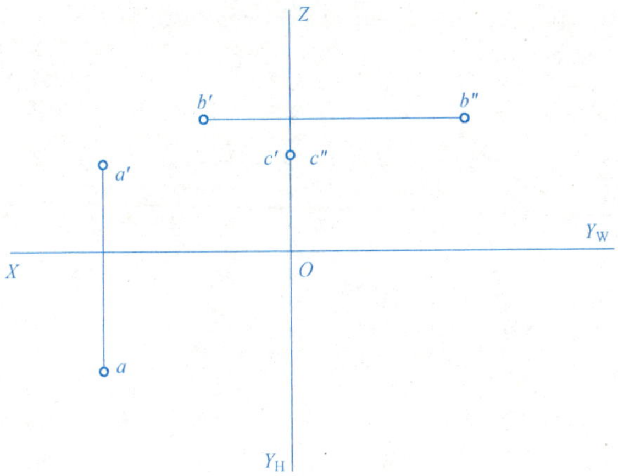

2. 已知点 A（15，20，10）、B（25，20，15）、C（18，25，20），作点 A、B、C 的三面投影（单位：mm）。

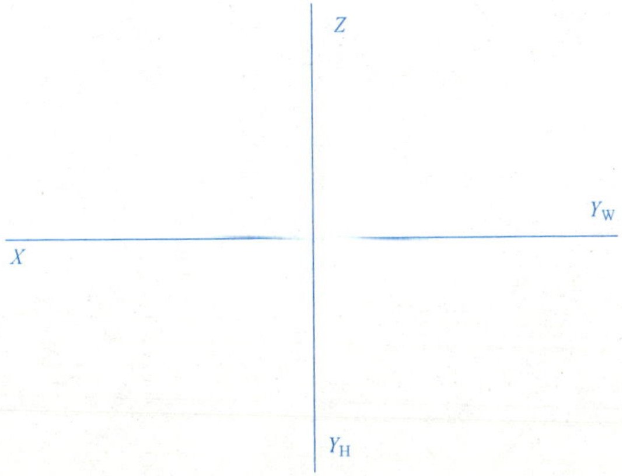

3. 根据表中所给的距离，作出点的三面投影（单位：mm）。

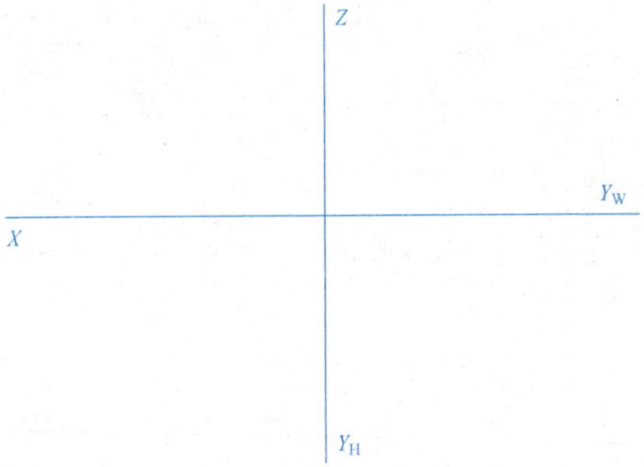

坐标 / 点名	离 H 面	离 V 面	离 W 面
A	10	10	10
B	0	5	20
C	5	0	20
D	20	15	0
E	0	20	0

4. 已知点 A（10，10，25）、B（0，15，20），点 C 在点 A 的左方 15，下方 10，前方 15，求作点 A、B、C 的三面投影（单位：mm）。

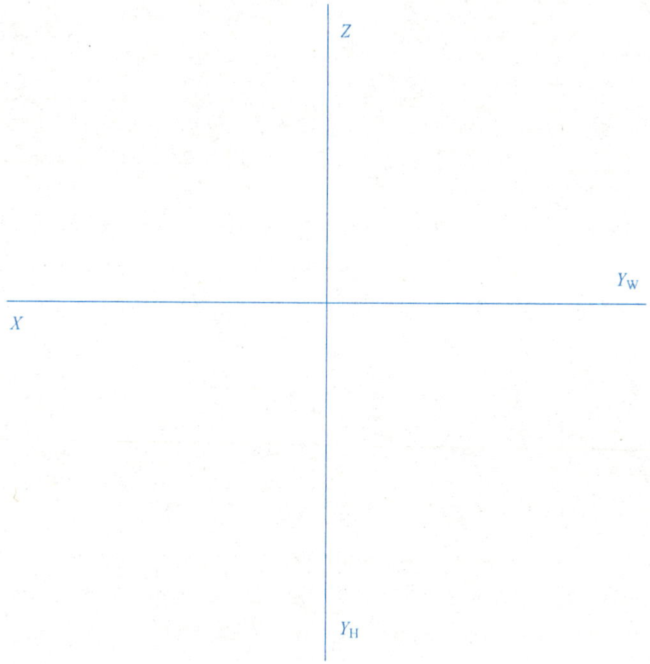

5. 已知点 B 在点 A 正下方的 H 面上，点 C 在点 A 正左方 15mm，求点 B、点 C 的三面投影。

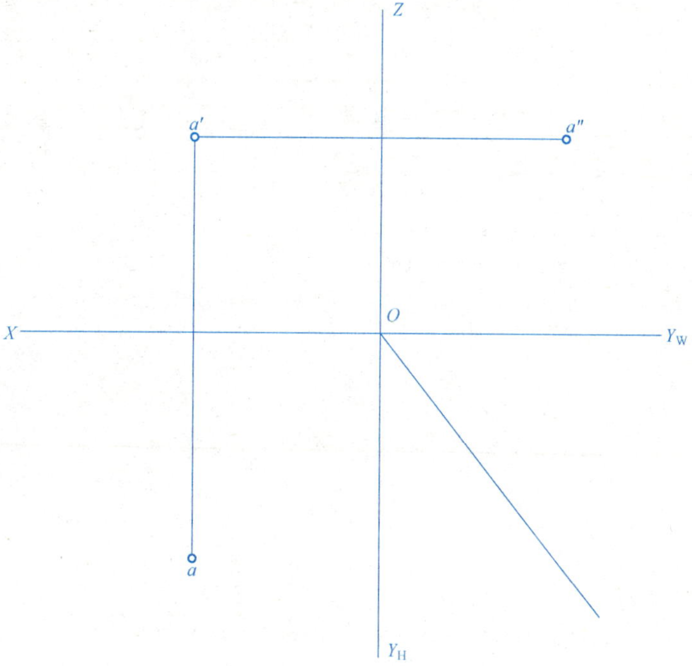

6. 在立体的三面投影图上，标出所标注线段的三面投影，并判别其空间位置。

(1)

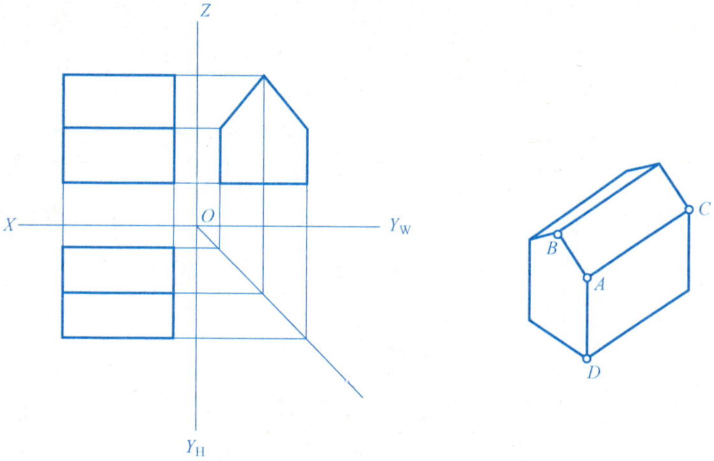

AB 是________线；

AC 是________线；

AD 是________线。

(2)

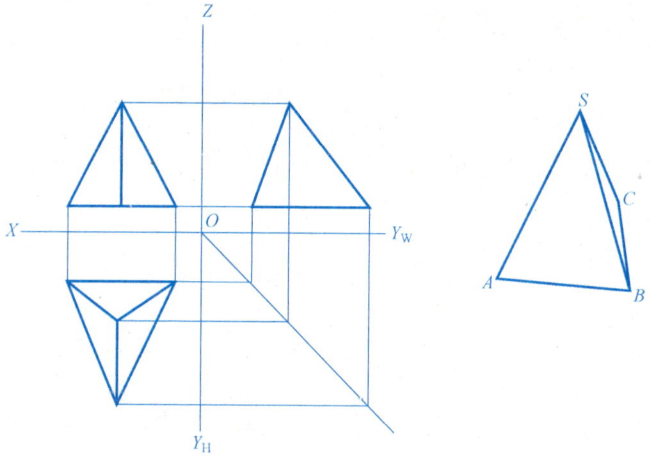

SA 是________线；

SB 是________线；

AB 是________线。

7. 求直线的第三面投影，并判断其对投影面的相对位置。

(1)

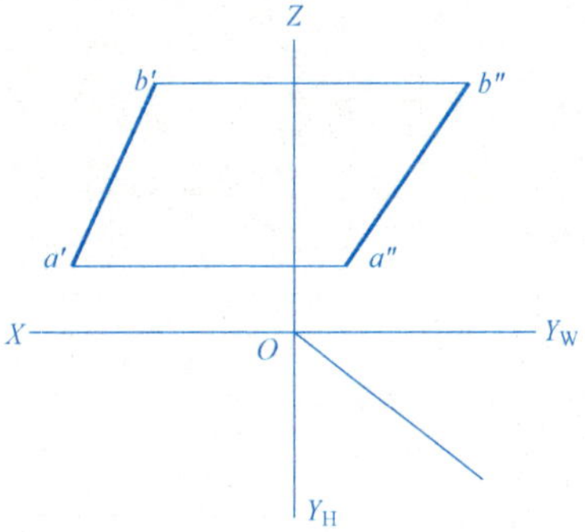

AB 是＿＿＿＿＿＿线

(2)

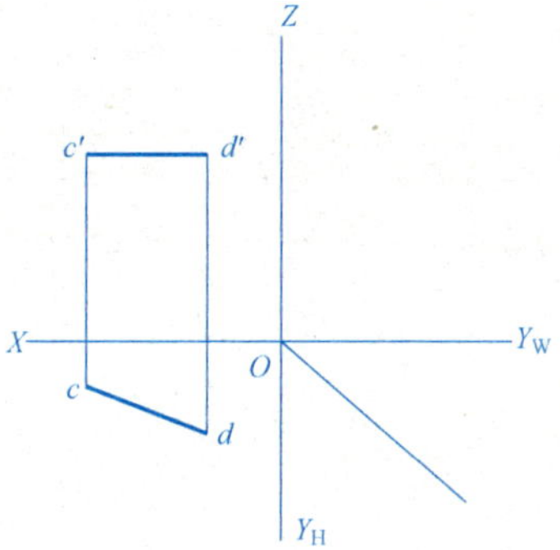

CD 是＿＿＿＿＿＿线

(3)

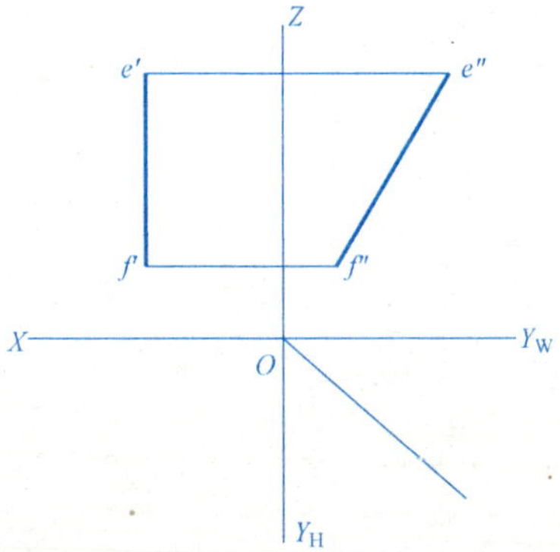

EF 是＿＿＿＿＿＿线

(4)

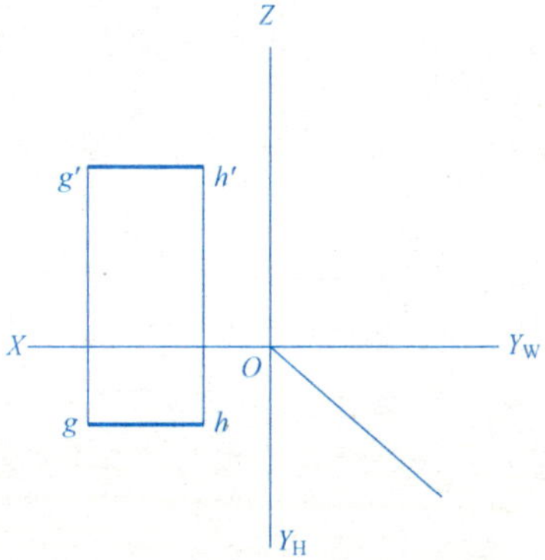

GH 是＿＿＿＿＿＿线

8. 已知水平线 AB 在 H 面上方 20mm 处，求作 AB 的 V、W 面投影。

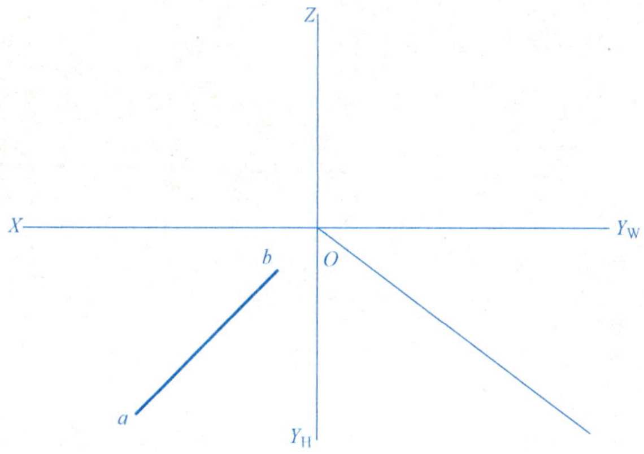

9. 已知 A（15，15，20），过点 A 作一实长为 20mm 的正垂线 AB，B 在 A 前。

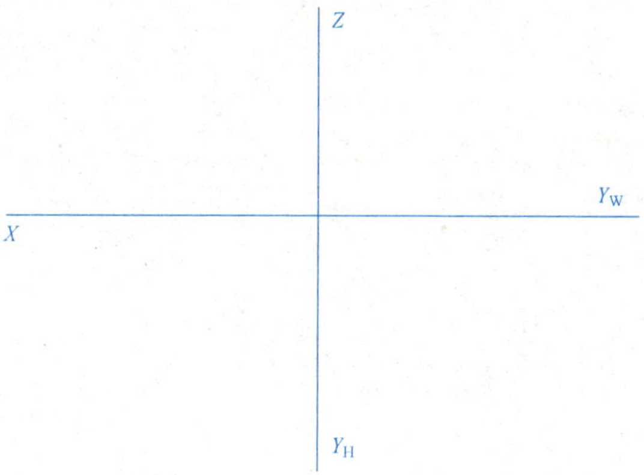

10. 已知直线 $AB//H$ 面，$\beta=45°$，点 B 在点 A 左后方的 V 面上，完成 AB 的三面投影。

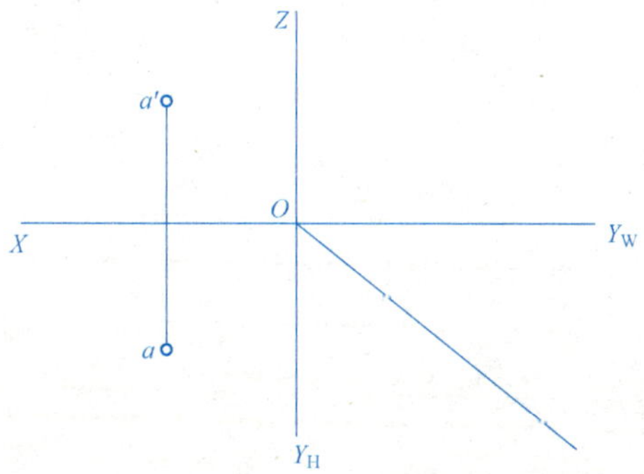

11. 已知直线 $AB//V$ 面，$\gamma=30°$，$AB=25$mm，点 B 在点 A 的左上方，完成 AB 的三面投影。

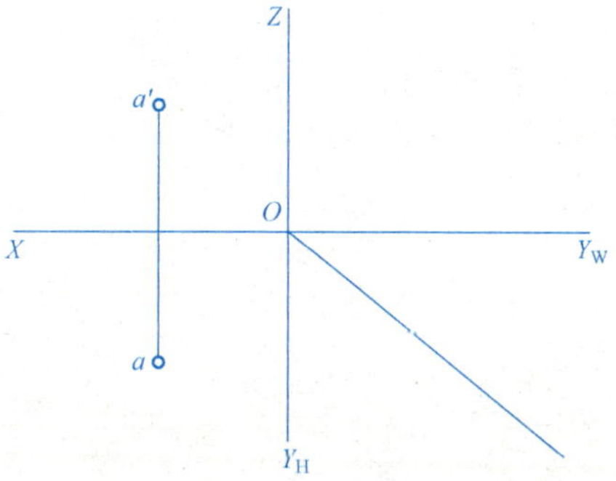

12. 求作直线 AB 的 W 面投影，并判断点 K 是否在 AB 上。

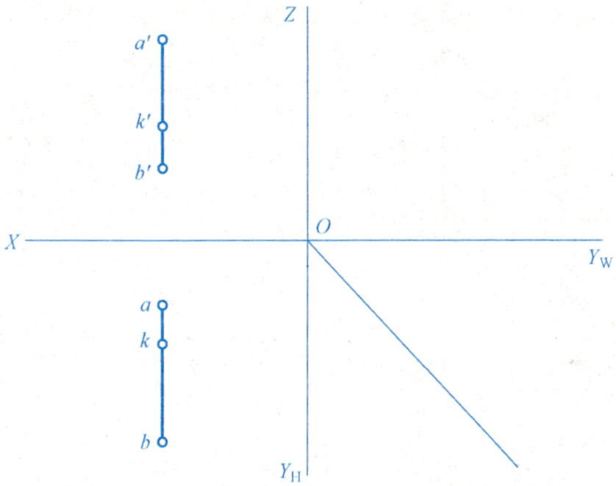

13. 已知点 C 位于直线 AB 上，距 V 面 20mm，求点 C 的两面投影。

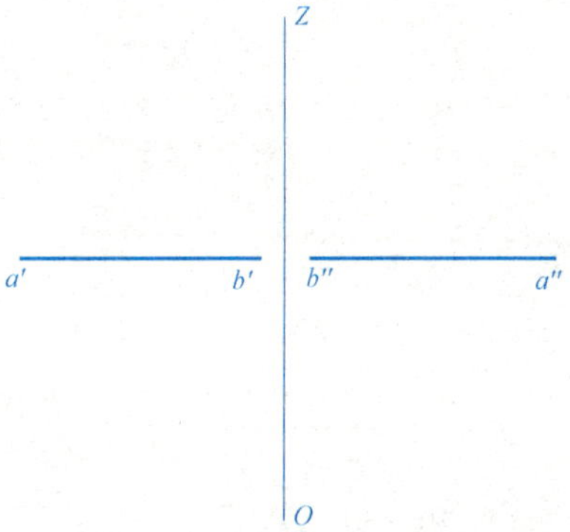

14. 在直线 AB 上取一点 C，使 $AC:CB=1:2$。

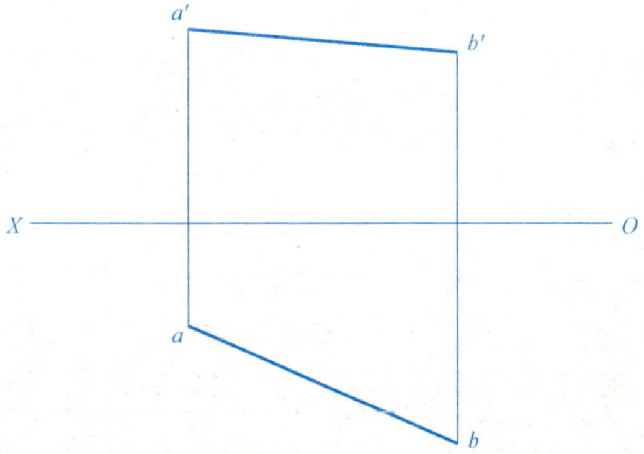

15. 在直线 AB 取一点 C，使 C 点距 V 面 20mm。

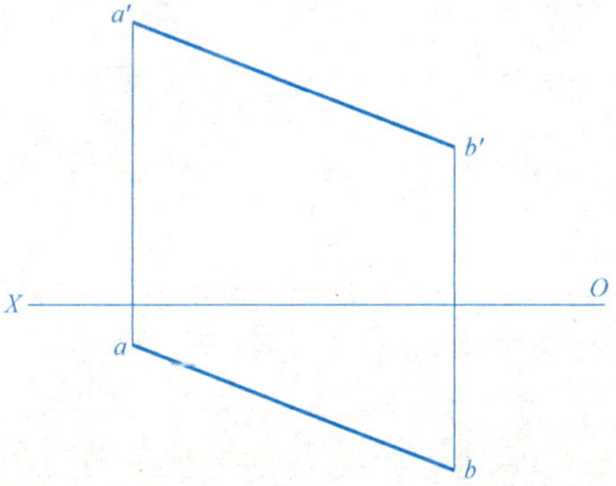

16. 判断下列直线的相对位置。

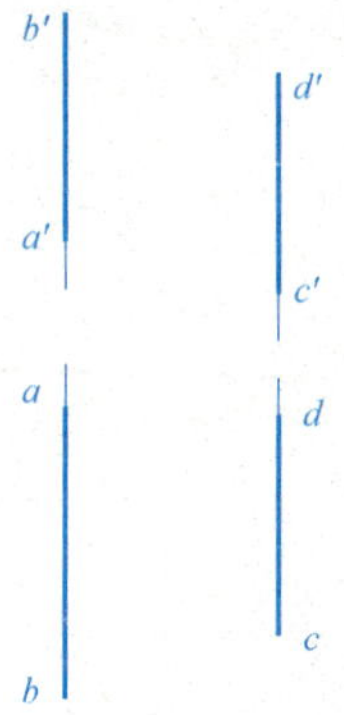

两直线________

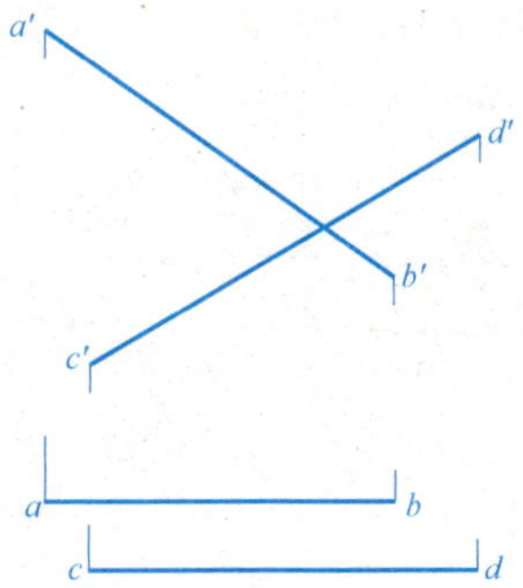

两直线________

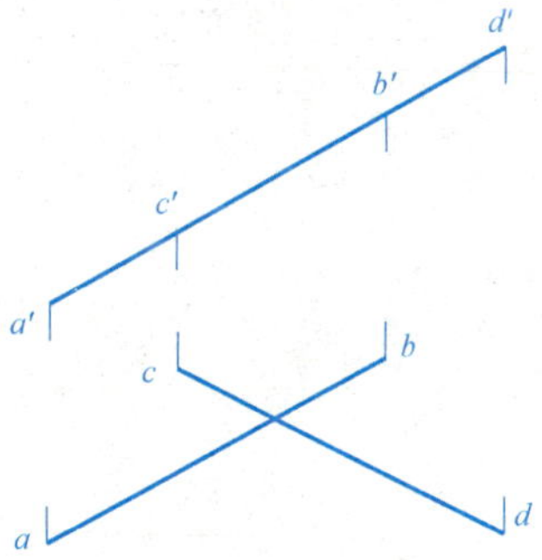

两直线________

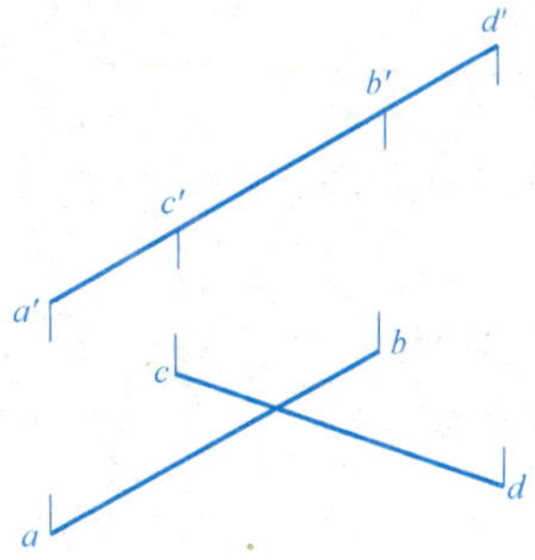

两直线________

17. 作直线 *MN*，使它与直线 *AB* 平行，并与直线 *CD*、*EF* 都相交。

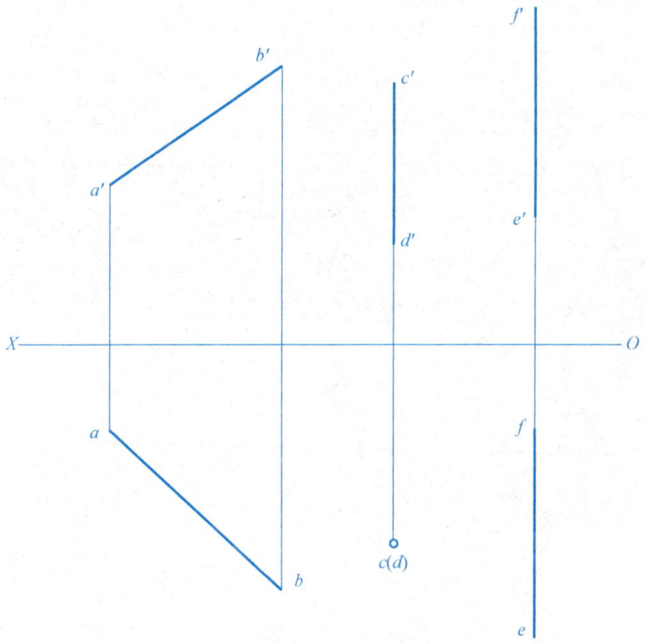

18. 判断下列各组直线是否垂直（相交垂直、交叉垂直）。

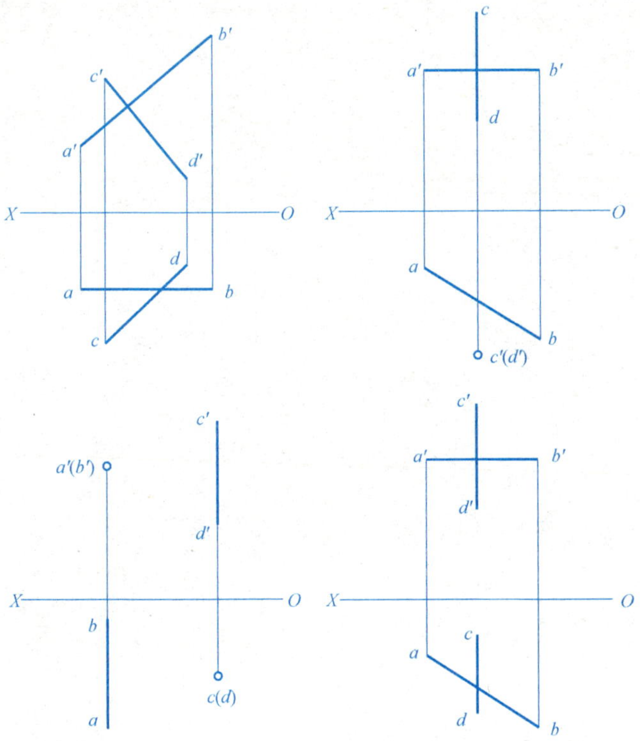

19. 过点 K 作直线 KM 与直线 AB 垂直相交。

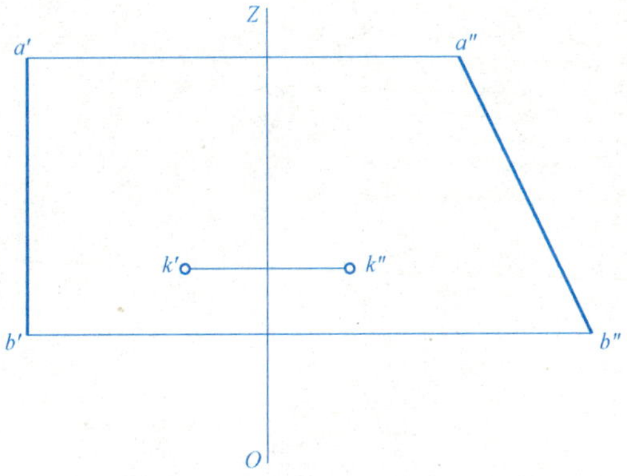

20. 求交叉两直线的公垂线。

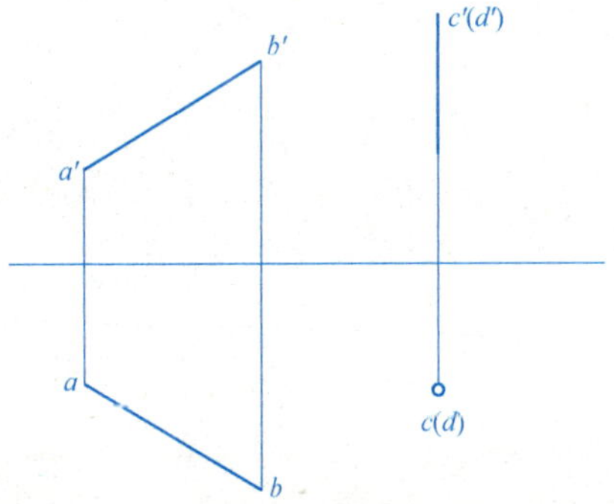

21. 在立体的三面投影图上，标出各指定平面的投影名称，并判别其空间位置。

(1)

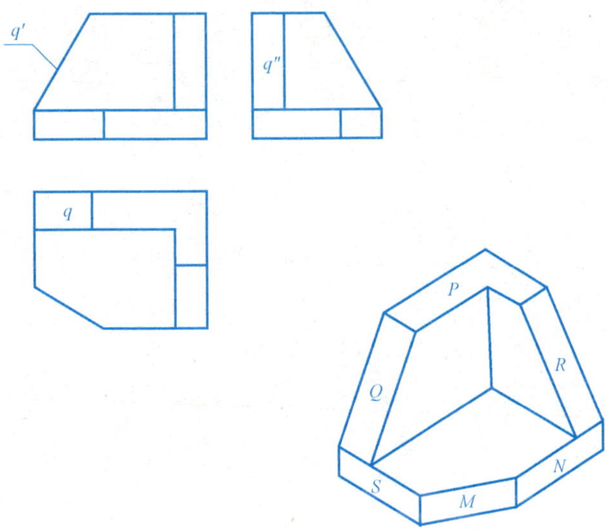

平面 P 是＿＿＿＿＿＿＿＿面；

平面 Q 是＿＿＿＿＿＿＿＿面；

平面 R 是＿＿＿＿＿＿＿＿面；

平面 S 是＿＿＿＿＿＿＿＿面；

平面 M 是＿＿＿＿＿＿＿＿面；

平面 N 是＿＿＿＿＿＿＿＿面。

(2)

平面 P 是＿＿＿＿＿＿面；

平面 Q 是＿＿＿＿＿＿面；

平面 R 是＿＿＿＿＿＿面；

平面 S 是＿＿＿＿＿＿面。

22. 求平面的第三面投影，并判断其对投影面的相对位置。

(1)

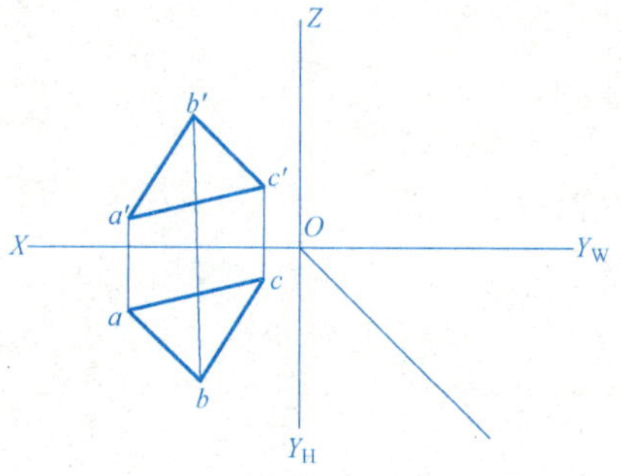

平面为______

(2)

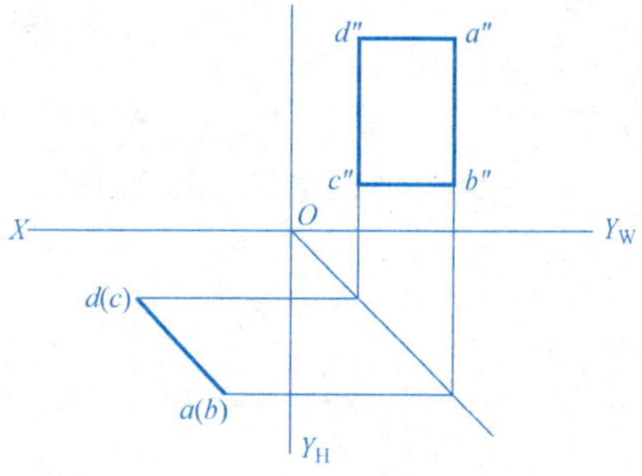

平面为______

(3)

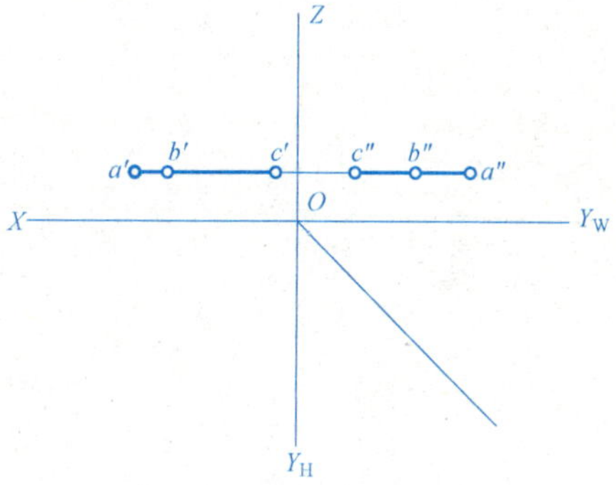

平面为______

(4)

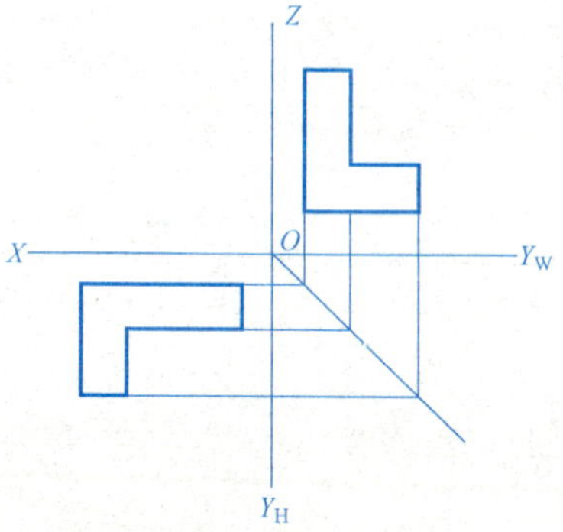

平面为______

(5)

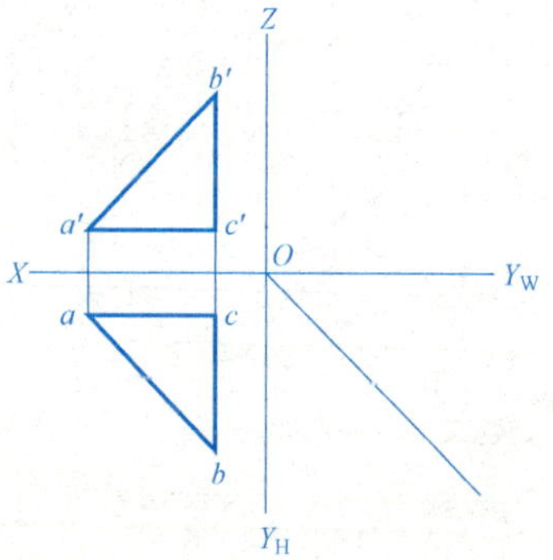

平面为______

(6)

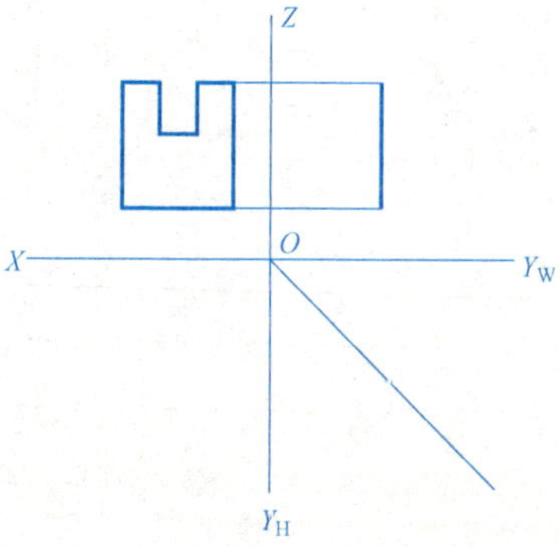

平面为______

23. 判断点 E 和直线 MN 是否在平面 ABC 上。

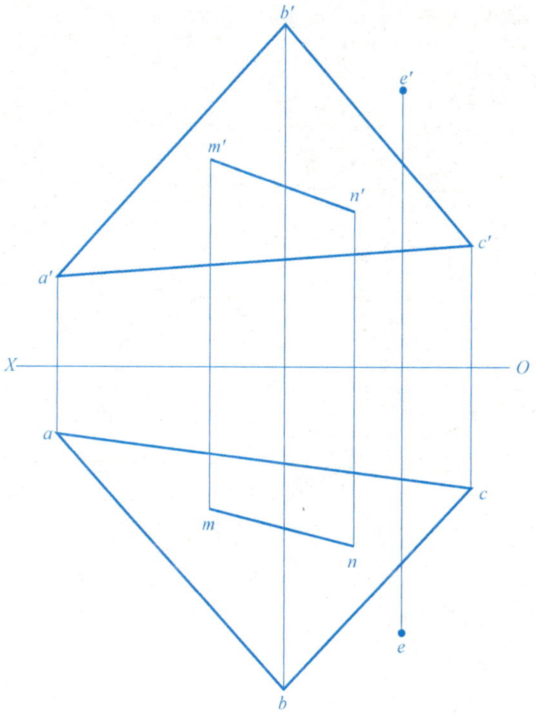

点 E（在，不在）平面 ABC 上；

直线 MN（在，不在）平面 ABC 上。

24. 补全平面图形的水平投影。

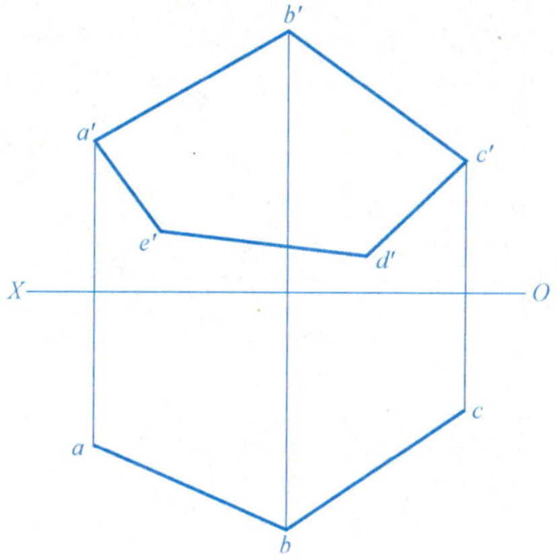

25. 在 △ABC 内取一点 K，使其距离 V 面 20mm，距离 H 面 15mm。

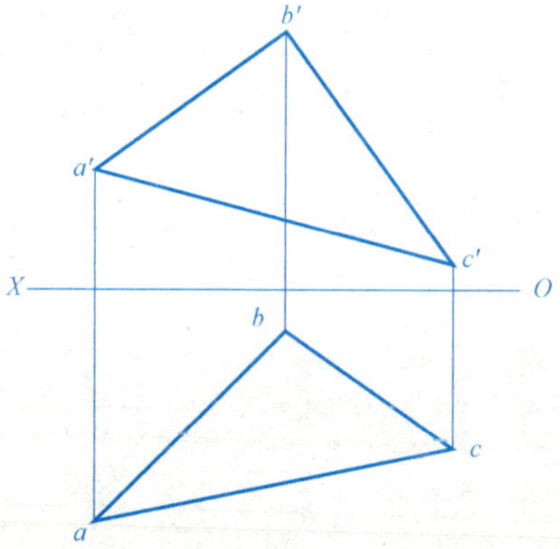

1. 完成高度为 30mm 的正三棱柱体的三面投影。

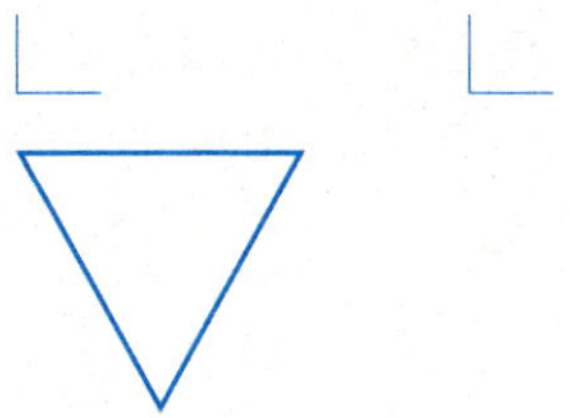

2. 完成长度为 30mm 的正五棱柱体的三面投影。

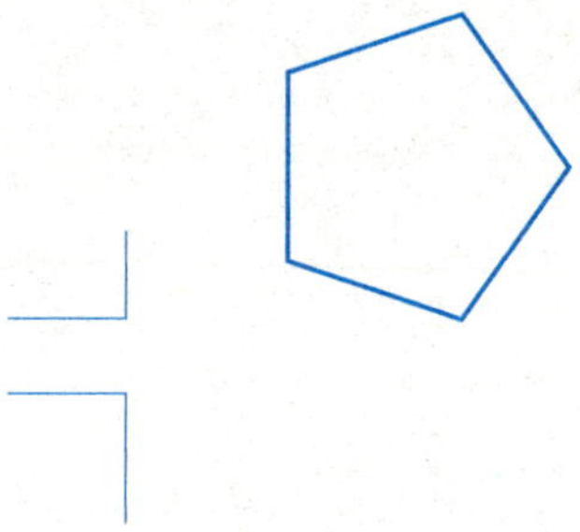

3. 完成高度为 25mm 的三棱锥体的三面投影。

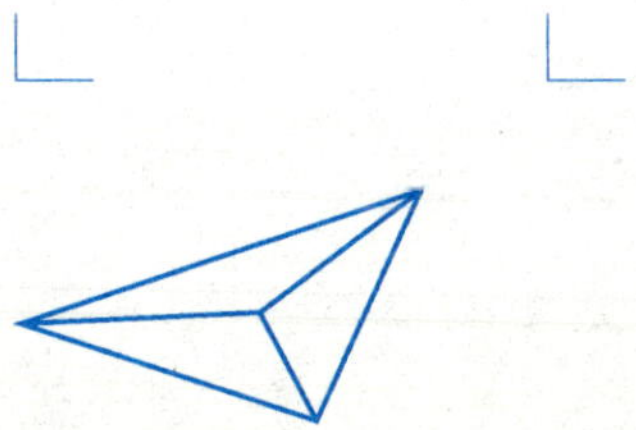

4. 完成高度为 25mm 的四棱台体的三面投影。

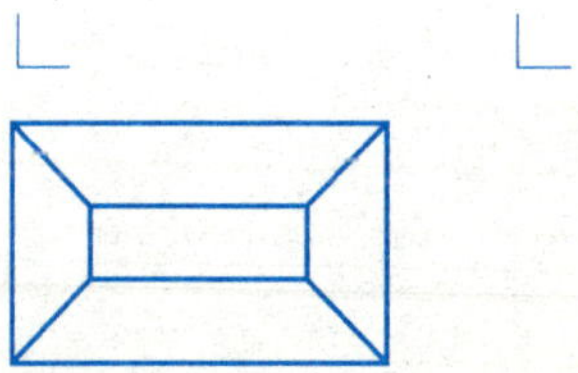

5. 完成高度为 30mm 的圆柱体的三面投影。

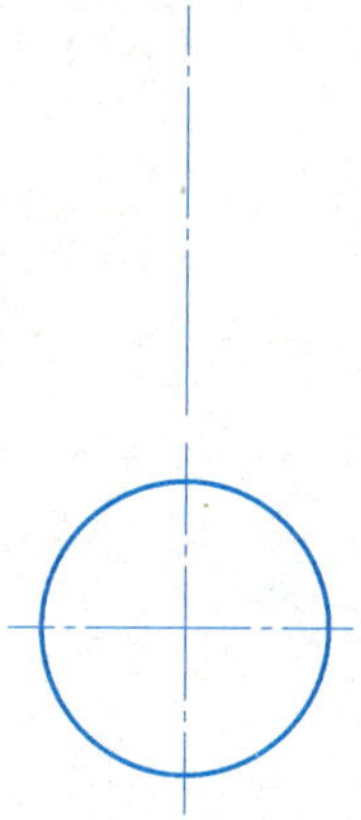

6. 完成长度为 30mm 的圆锥体的三面投影。

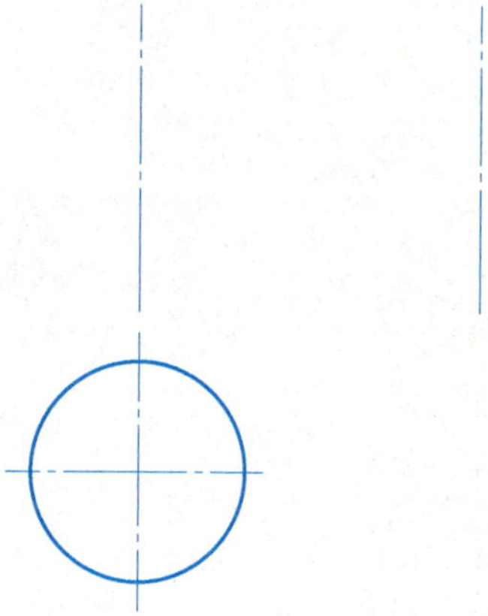

7. 完成圆台与半圆球叠加的三面投影。

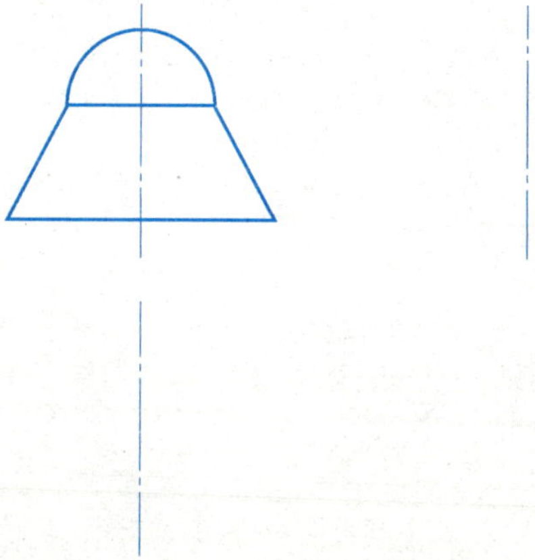

8. 完成半圆球与圆柱叠加的三面投影。

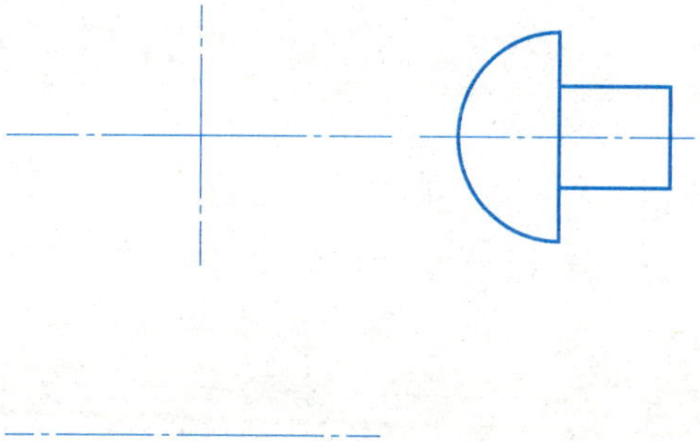

9. 求作棱柱体表面上点的另外两面投影。

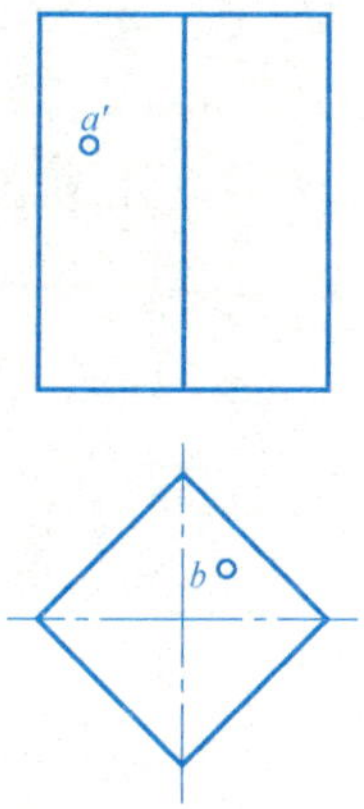

10. 求作棱锥体表面上点的另外两面投影。

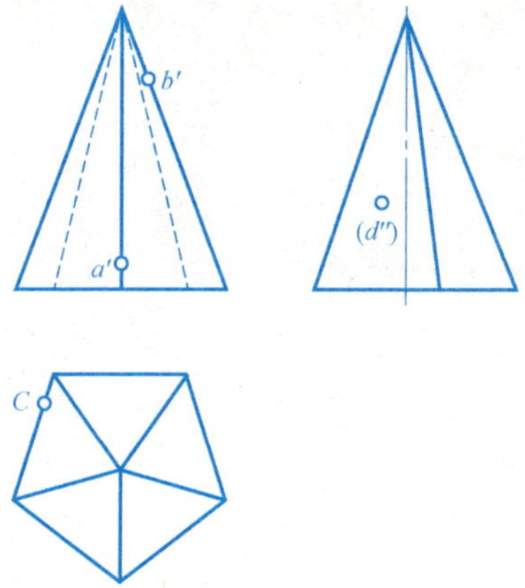

11. 补画棱台体的侧面投影，并求作其表面上点的另外两面投影。

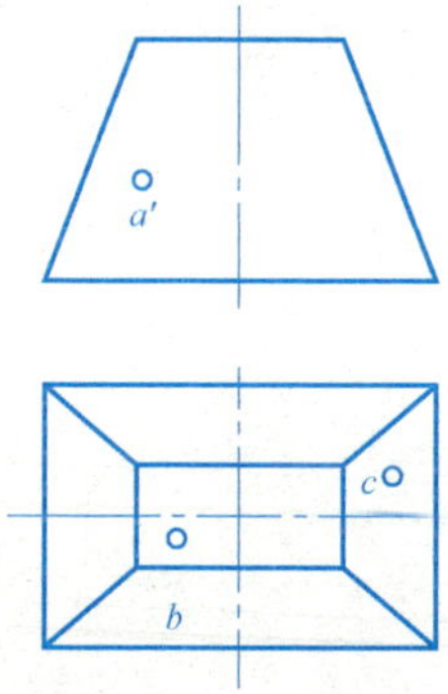

12. 求作棱柱体表面上线的另外两面投影。

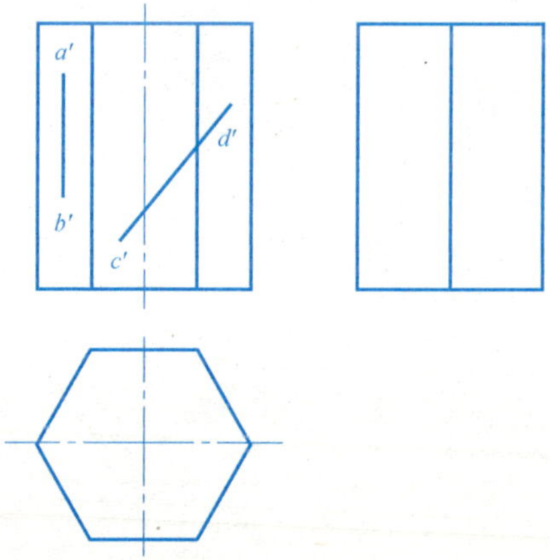

13. 求作圆柱体表面上点的另外两面投影。

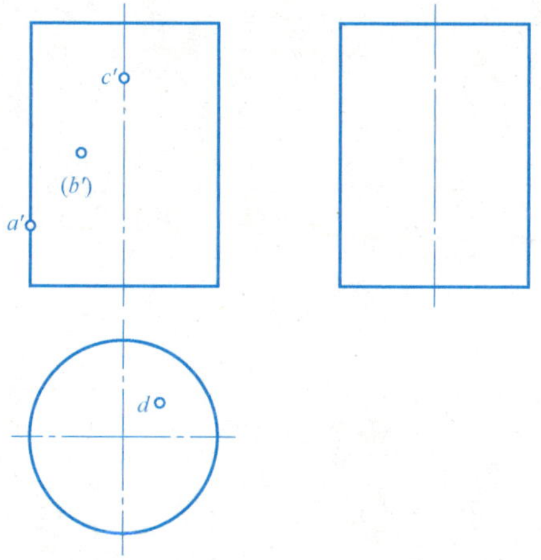

14. 求作圆柱体表面上线的另外两面投影。

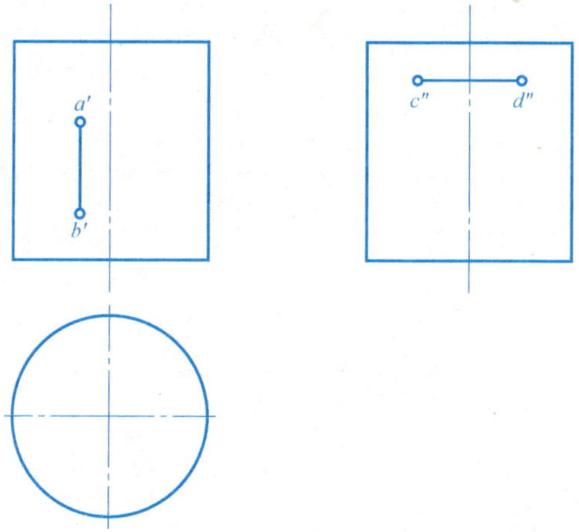

15. 求作圆锥体表面上点的另外两面投影。

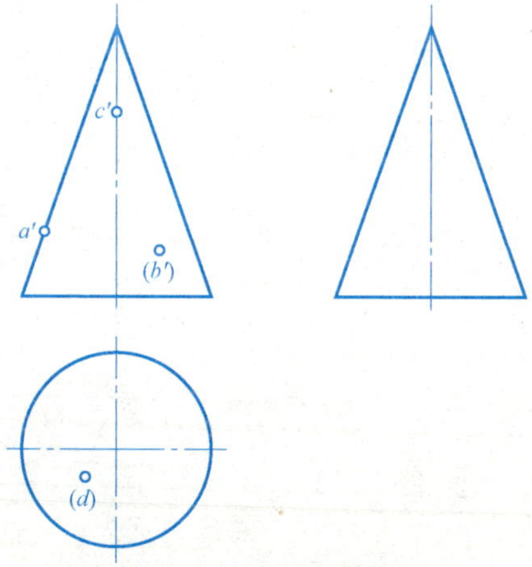

16. 求作圆锥体表面上线的另外两面投影。

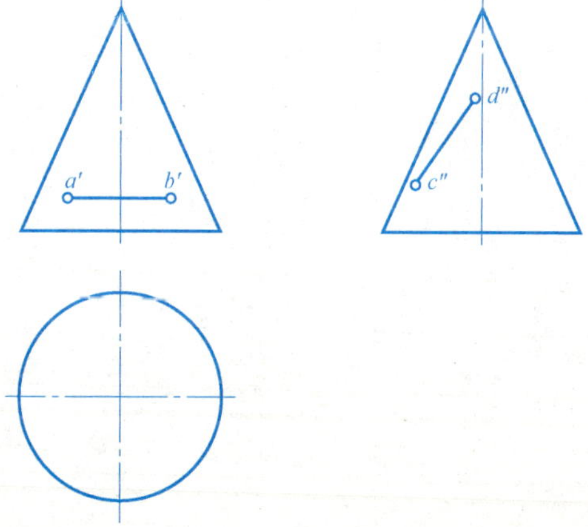

17. 求作棱柱体被截切后的投影。

(1)

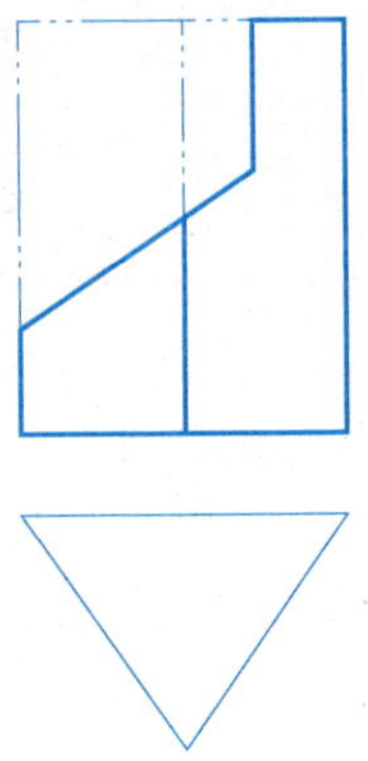

(2)

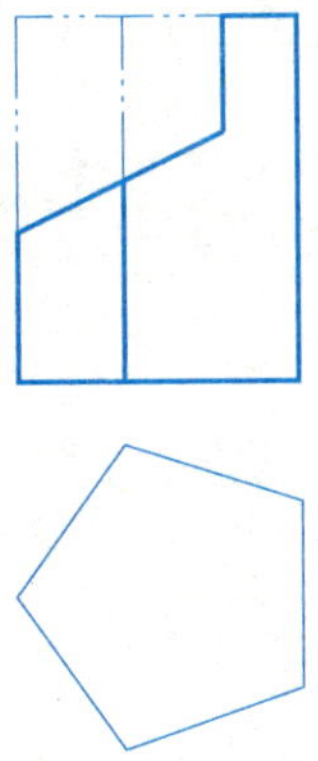

18. 求作棱锥体被截切后的投影。

(1)

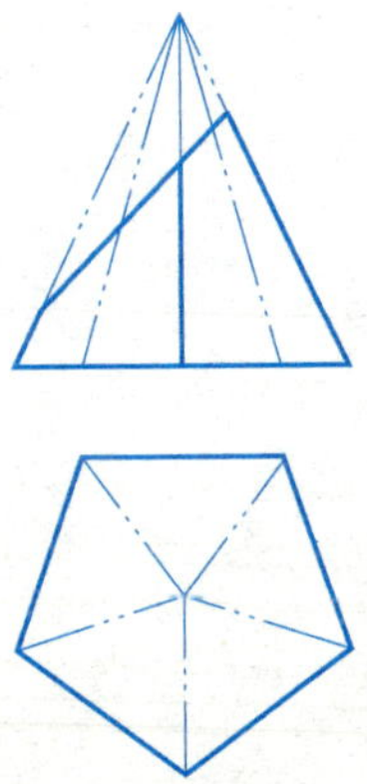

(2)

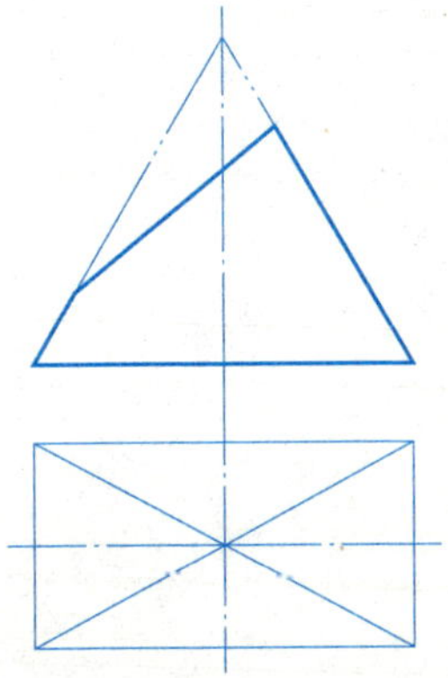

19. 求作圆柱体被截切后的投影。

(1)

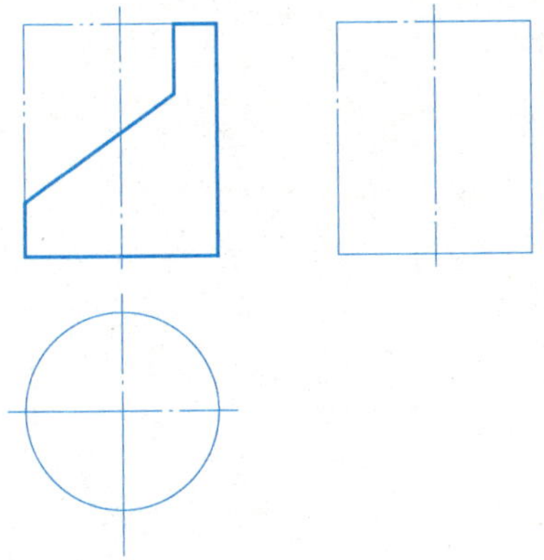

(2)

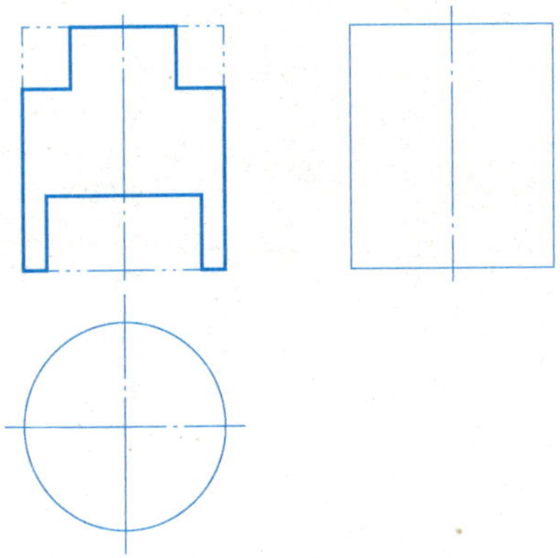

20. 求作圆锥体被截切后的投影。

(1)

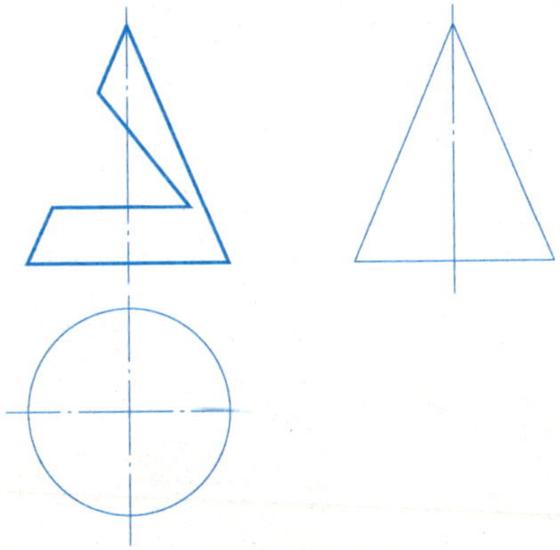

(2)

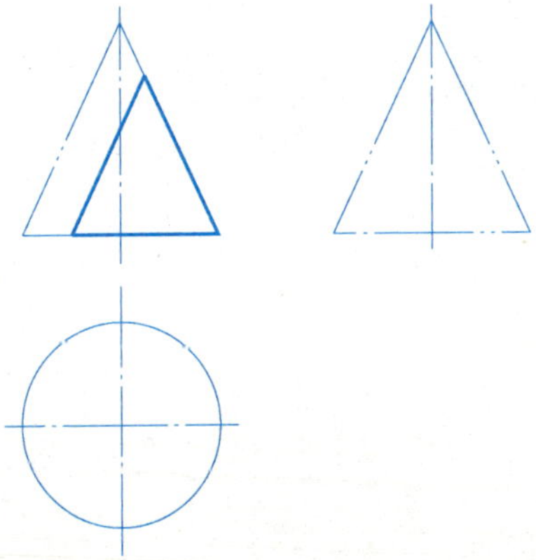

1. 补画组合体的第三面投影图。

(1)

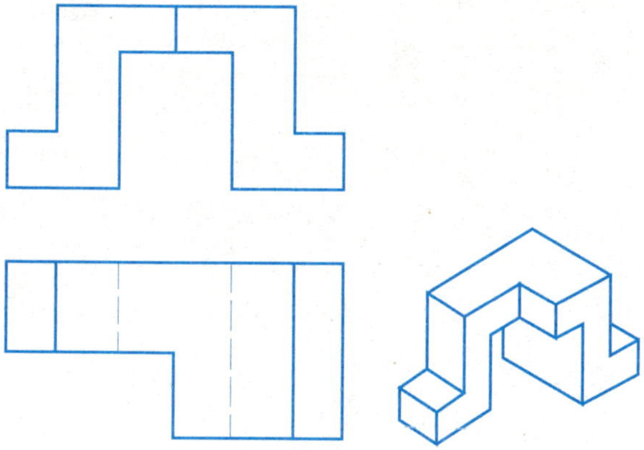

(2)

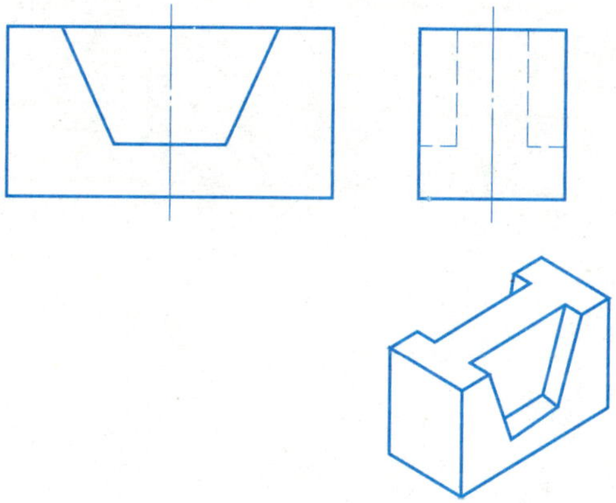

(3)

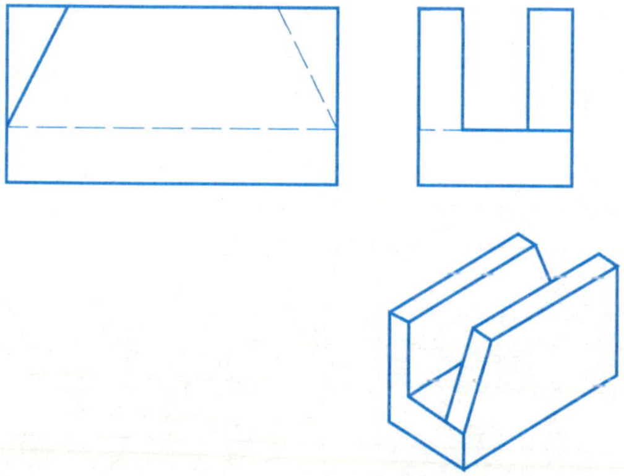

(4)

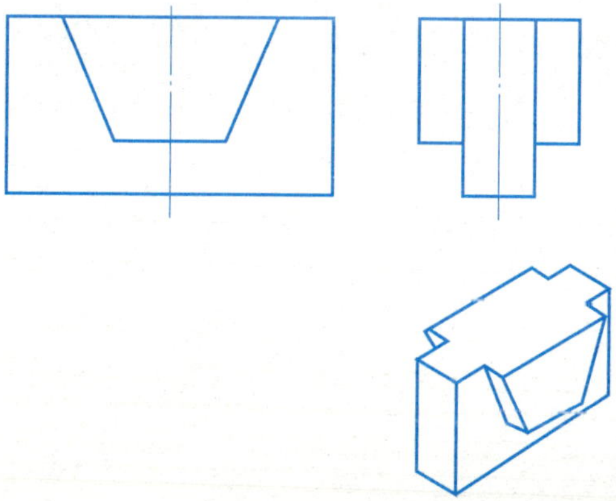

2. 根据立体图，画出组合体的三面投影图。

(1)

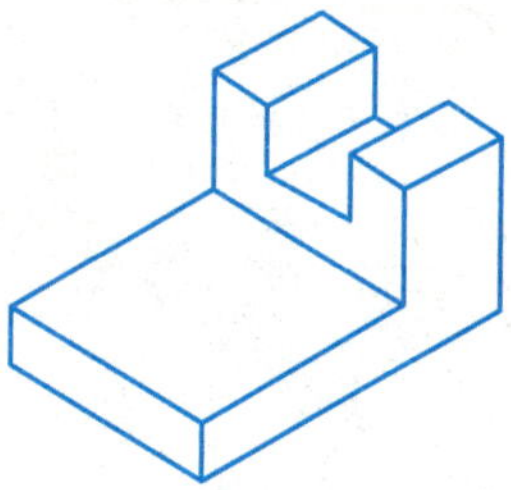

(2)

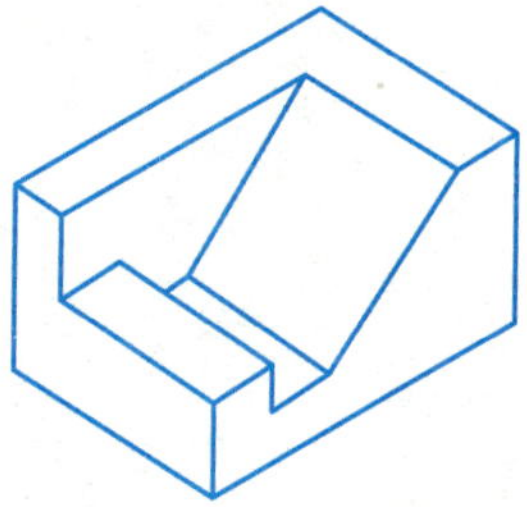

(3)

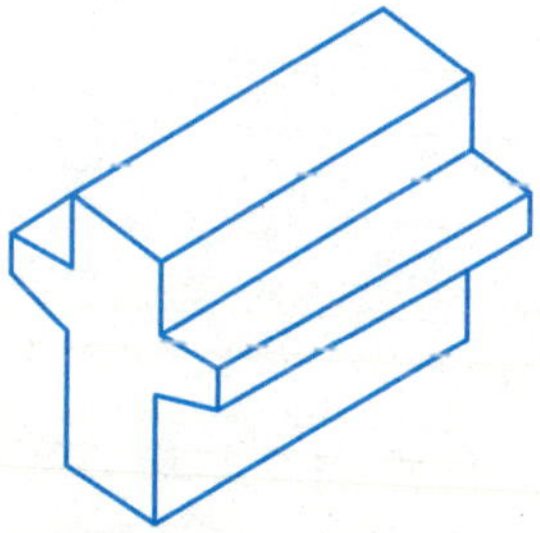

(4)

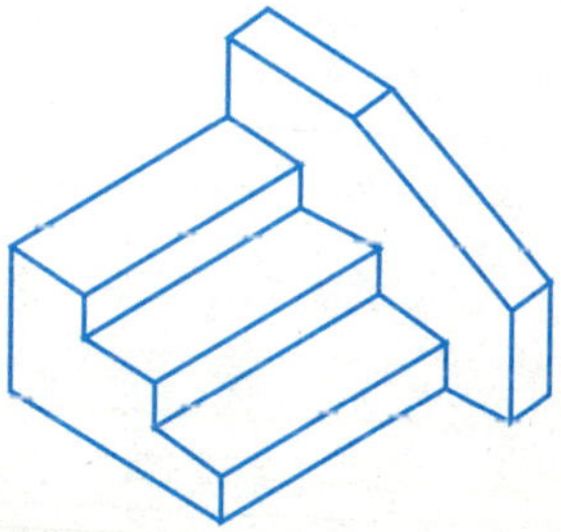

3. 指出下列图中尺寸标注的错误，并重新标注。

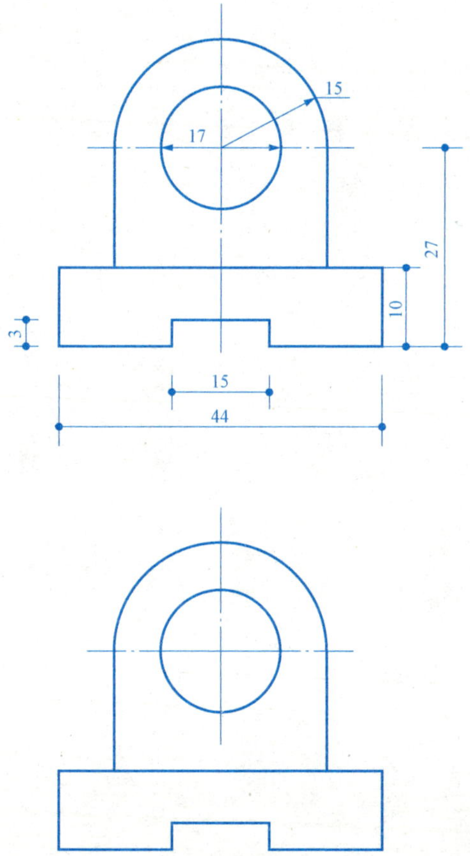

4. 按 1∶10 的比例标注下列组合体的尺寸。

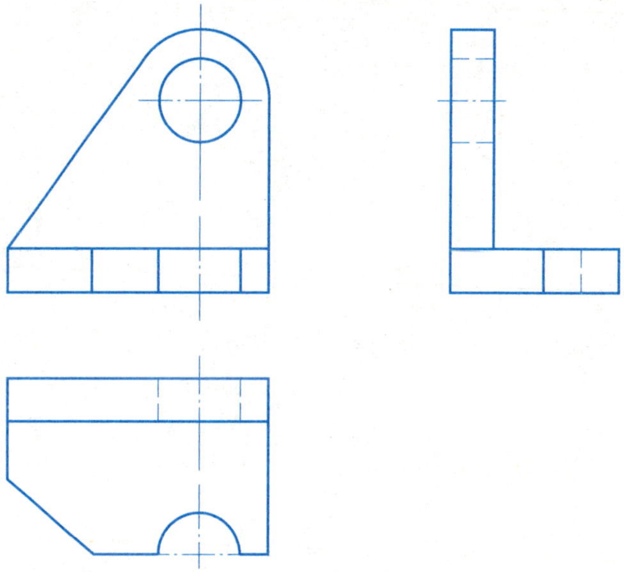

5. 根据组合体的两面投影，补画第三面投影。

(1)

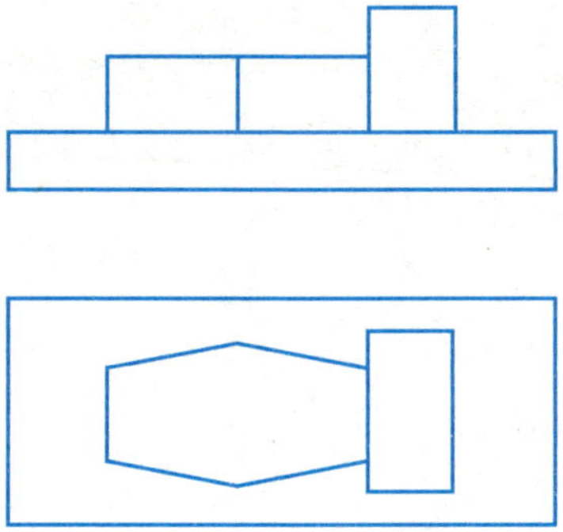

(2)

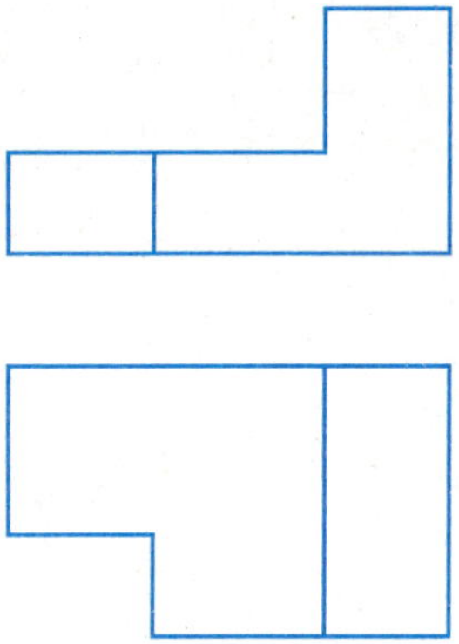

(3)

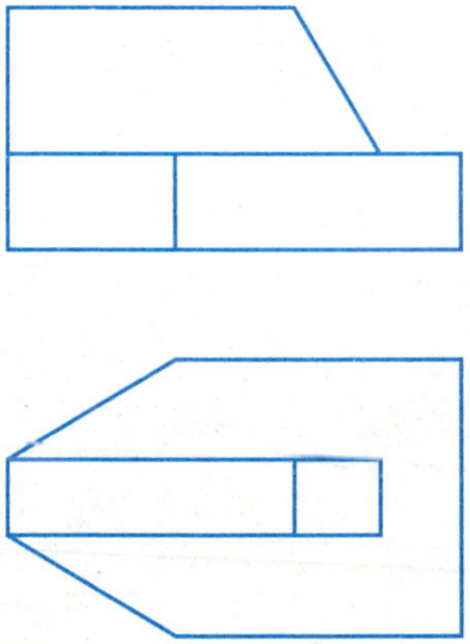

(4)

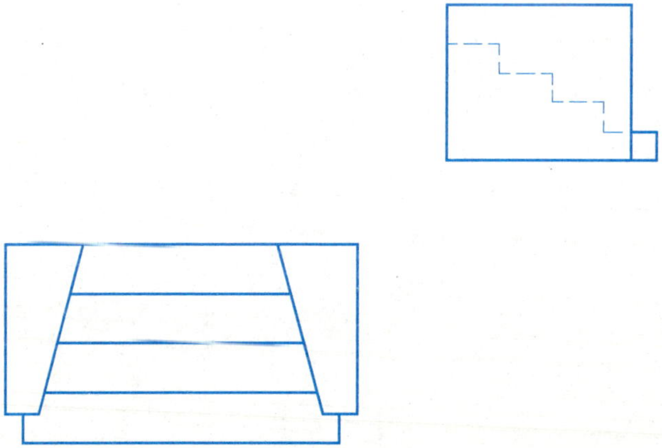

作业指导书二　绘制组合体投影图

一、图名：房屋建筑物投影图

二、目的

1. 训练绘制组合体三面投影图的能力。

2. 学会标注组合体的尺寸。

三、内容与要求

1. 图纸：A3 幅面绘图纸，铅笔加深。

2. 内容：绘制教材 [例 5-3] 所示房屋建筑物的三面投影图，并进行尺寸标注。

3. 图线要求：同作业指导书一。

4. 文字要求：同作业指导书一。

5. 其他要求：

(1) 学生自己绘制图幅线、图框线及标题栏。

(2) 标题栏参照教材上学生用标题栏格式。

(3) 根据图纸幅面及投影图大小，自行确定绘图比例。

四、作图步骤

1. 运用形体分析法，分析组合体各组成部分之间的相对位置和组合关系。

2. 确定正面投影方向。

3. 画底稿。

4. 检查并改正错误，擦去多余图线。

5. 加深。

6. 标注尺寸。

7. 填写标题栏。

五、质量评定标准

1. 图形正确及作图规范。

2. 比例选择适当。

3. 布图匀称、图面整洁美观。

4. 图线色调一致，粗细均匀、线型分明。

5. 字体规范，书写认真。

6. 尺寸标注正确、完整、清晰、合理。

1. 根据形体的投影图绘制其正等测图（采用简化轴向变形系数）。

(1)

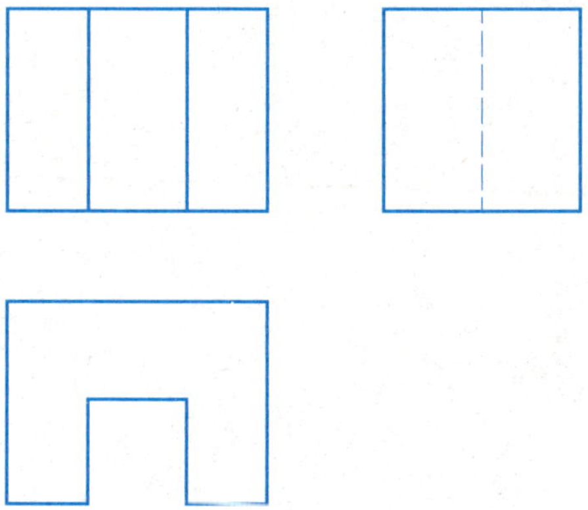

(2)

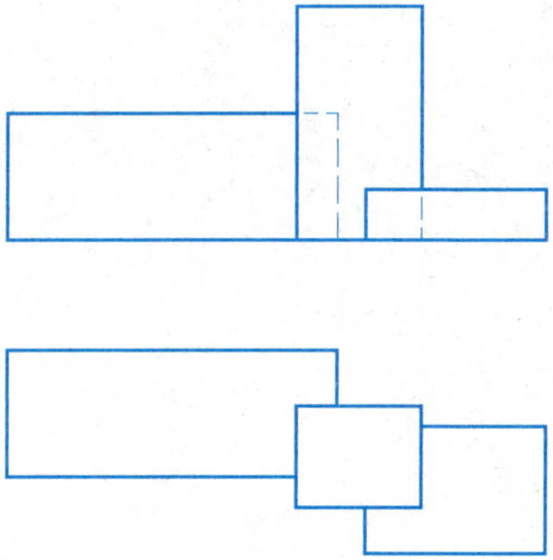

(3)

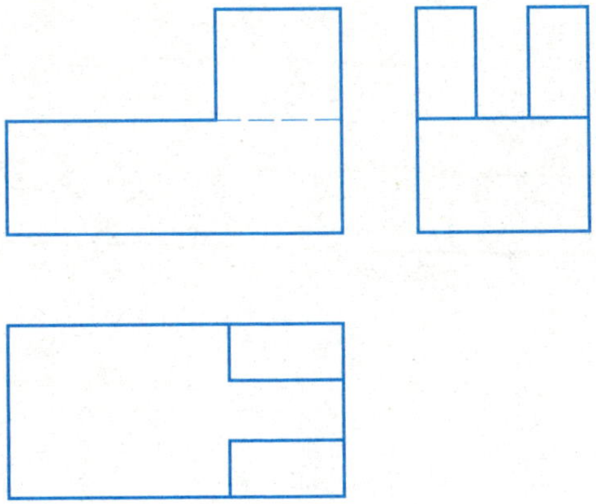

(4)

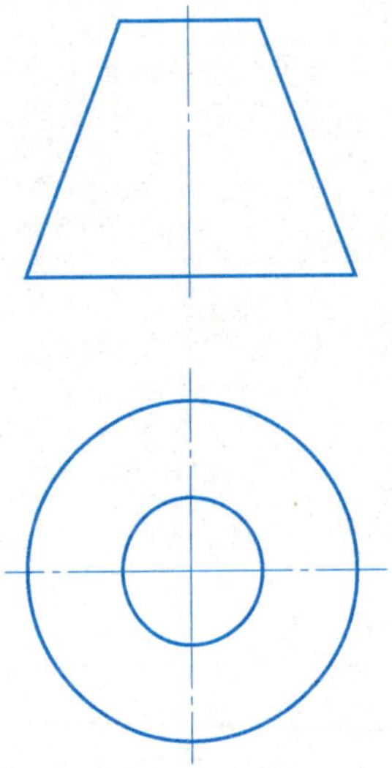

2. 根据形体的投影图绘制其斜二测图。

(1)

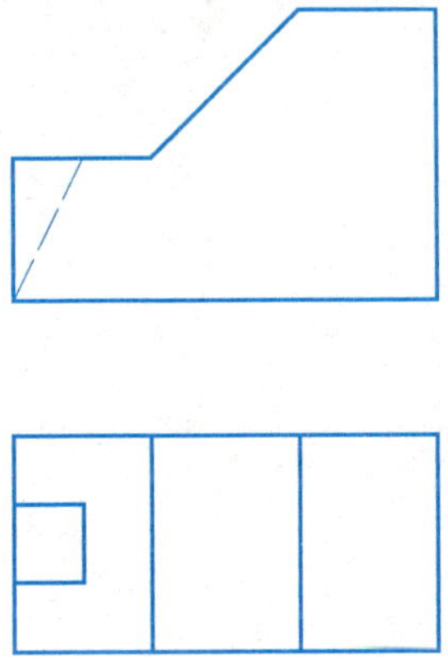

(2)

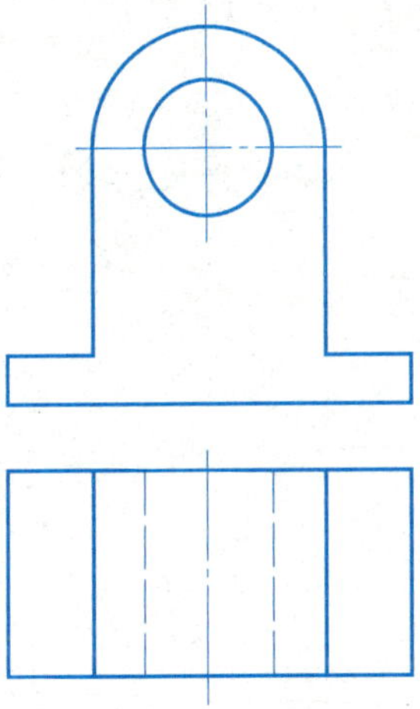

1. 作该形体的六个基本视图。

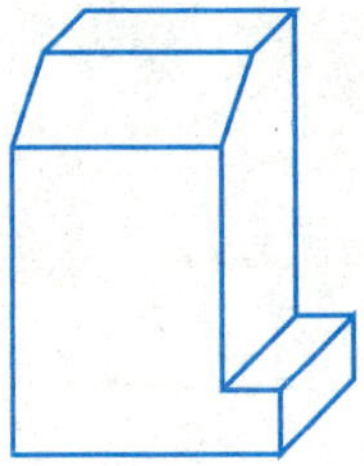

2. 作 1—1、2—2 剖面图。

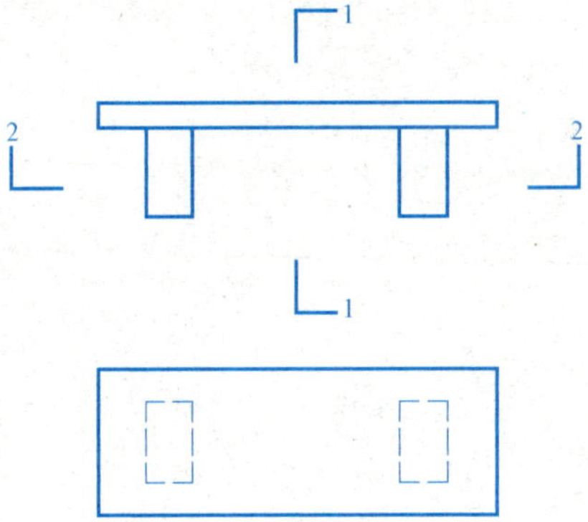

3. 作杯形基础的 1—1 剖面图。

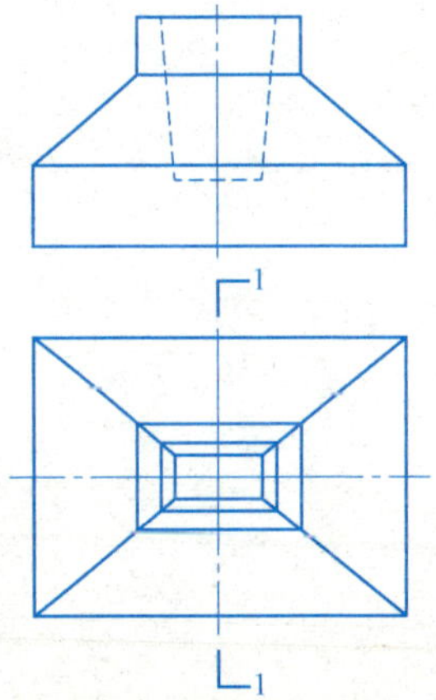

4. 作钢筋混凝土台阶的 1—1 剖面图。

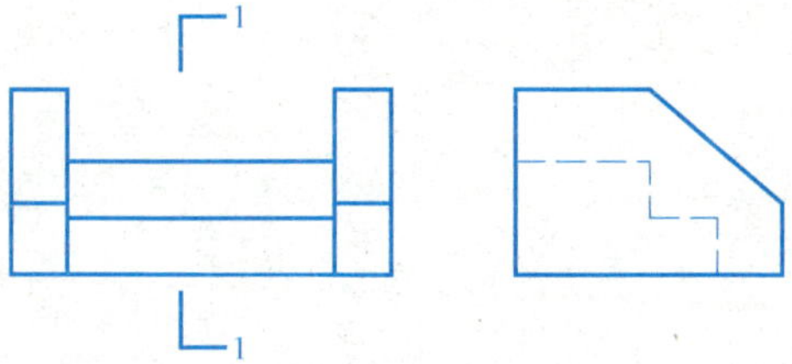

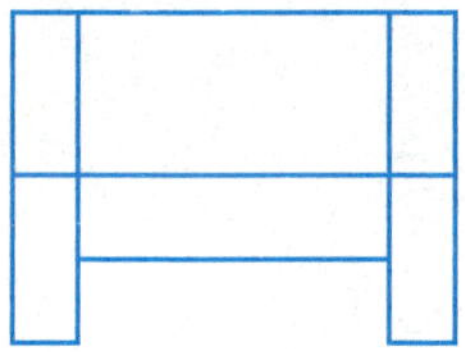

1—1剖面图

5. 作管道的半剖面图。

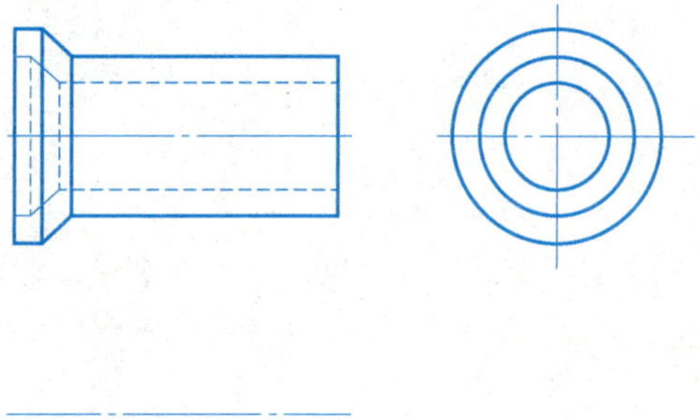

6. 将该金属构件的平面图改画成局部剖面图。

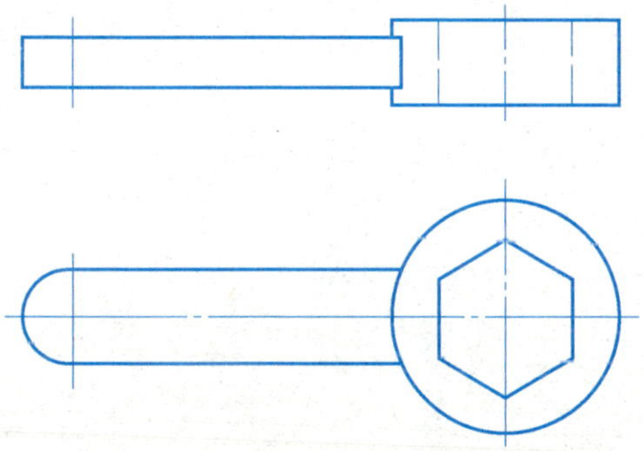

7. 作形体的阶梯剖面图。

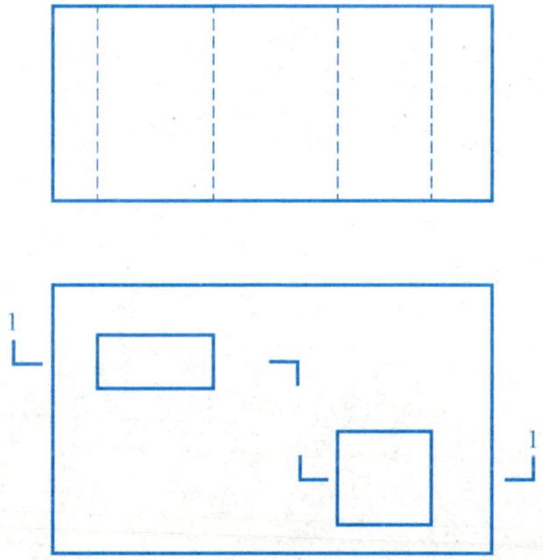

8. 已知形体的正面投影和水平投影，试将其两面投影改画成适当的剖面图。

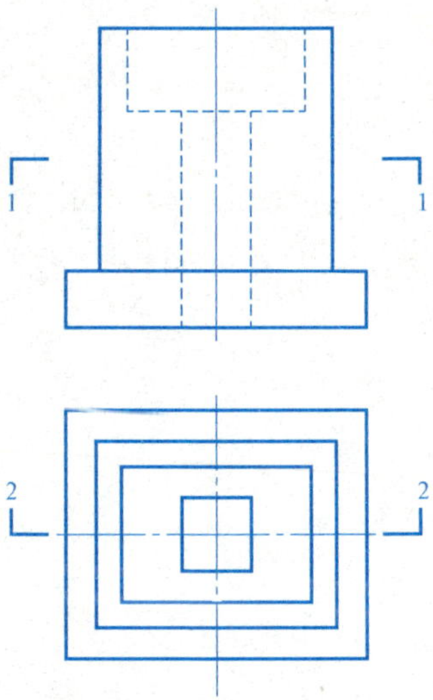

9. 求作钢筋混凝土工字牛腿柱的 1—1、2—2 断面图及 3—3 剖面图。

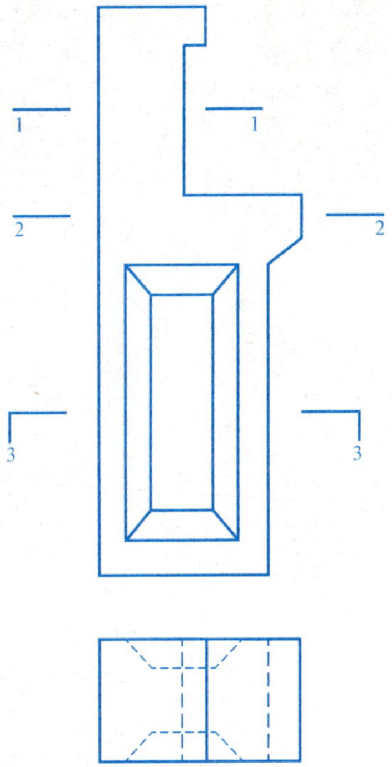

10. 画出钢筋混凝土梁的1—1、2—2断面图。

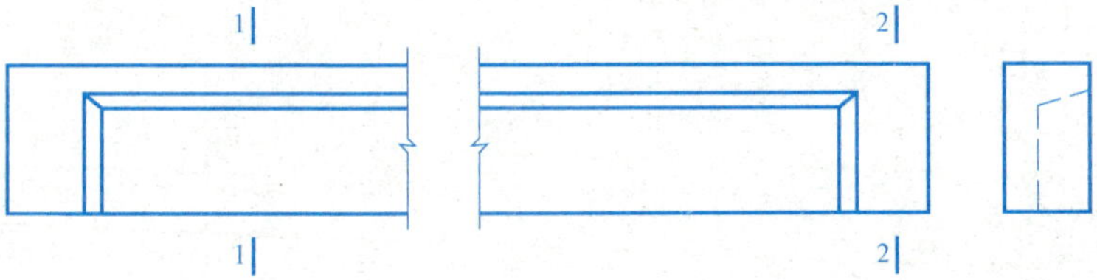

11. 在墙体的立面图上画出重合断面图。

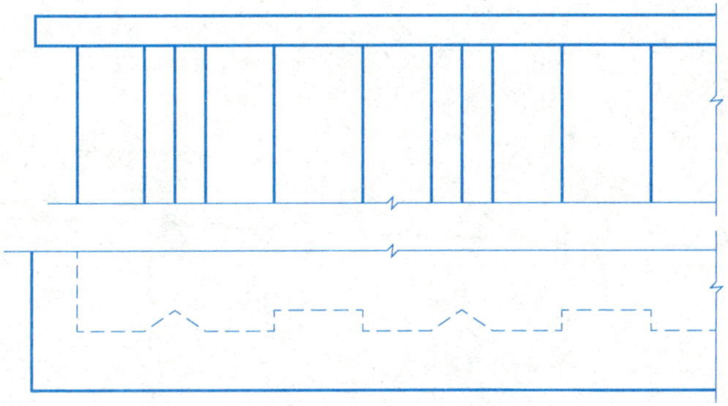

12. 画出钢筋混凝土梁的1—1、2—2断面图。

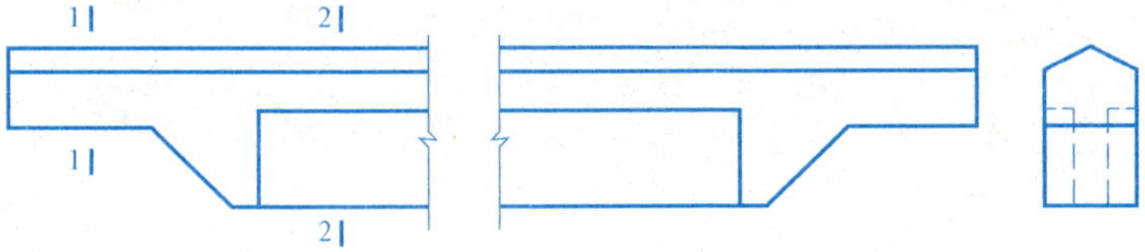

13. 根据平、立面图画出1—1断面图和2—2剖面图。

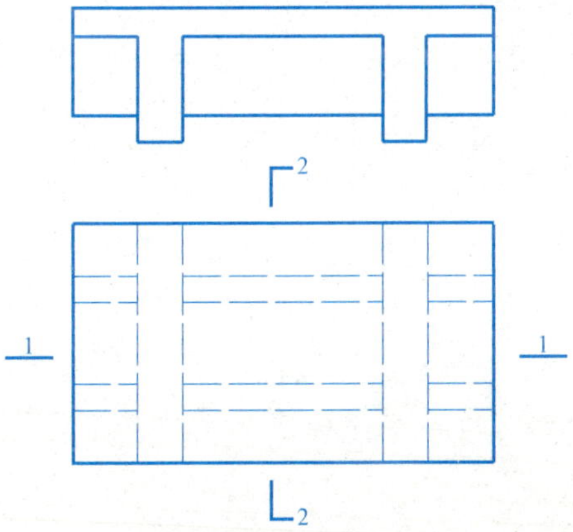

1. 房屋施工图及总平面图填空。

(1) 一幢房屋的全套施工图纸的编排顺序是____等。

(2) 绘制和阅读房屋的建筑施工图，应遵守《____________________》(GB/T 50001—2010)；在绘制和阅读总平面图时，还应遵守《____________________》(GB/T 50103—2010)；而在绘制和阅读建筑平面图、立面图、剖面图和详图时还应遵守《________________》(GB/T 50104—2010)。

(3) 在右侧的宿舍楼的轴测图中未注明构配件名称的引线上分别填写下列名称：屋顶、休息平台、过梁、窗台、散水、台阶、勒脚、阳台、楼梯、楼板。

(4) 在下面的建筑总平面图中，围墙是__________，新建房屋是__________层的__________。室外地面绝对标高是__________m，室内外高差是__________m，新建房屋北墙距离北侧 5 层建筑物南墙__________m，新建筑总长__________m，总宽__________m，东侧道路宽__________m。

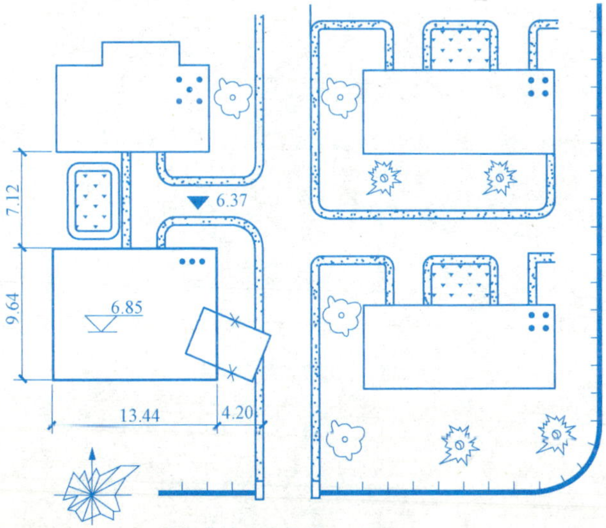

某宿舍楼的建筑总平面图 1：500

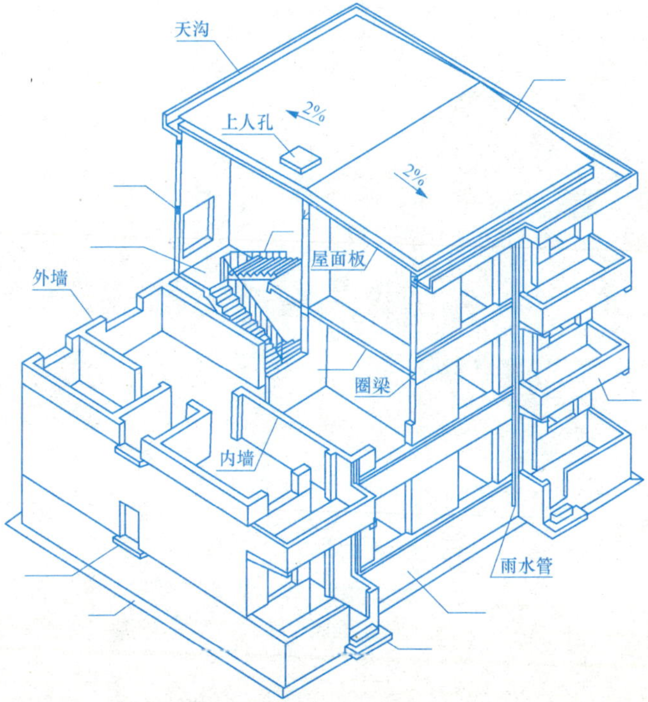

2. 总平面图识读填空。

（1）总平面图一般采用____________的比例。右图比例为________。总平面图中共有________幢建筑，新建房屋是________，原有房屋是____________。

（2）在右图右下角所画的是________图，实线表示________，虚线表示__________。

（3）学生宿舍是________层，室内外地坪标高分别是________m 和________m，它们是________标高。室内外高差是________m。

（4）学生宿舍有________个入口，主要入口在________侧。

（5）学生宿舍北墙距离________层室内球类房的南墙________m；宿舍南墙距离南面围墙________m。东西两侧道路宽为________m，北侧道路宽为________m。

（6）学生宿舍的东西长度为________m，南北宽度为________m。

（7）校园内教工住宅位于园区的________角，共计________层。

（8）在总平面图中，围墙材料是________。

（9）教工宿舍________围墙外道路是________。

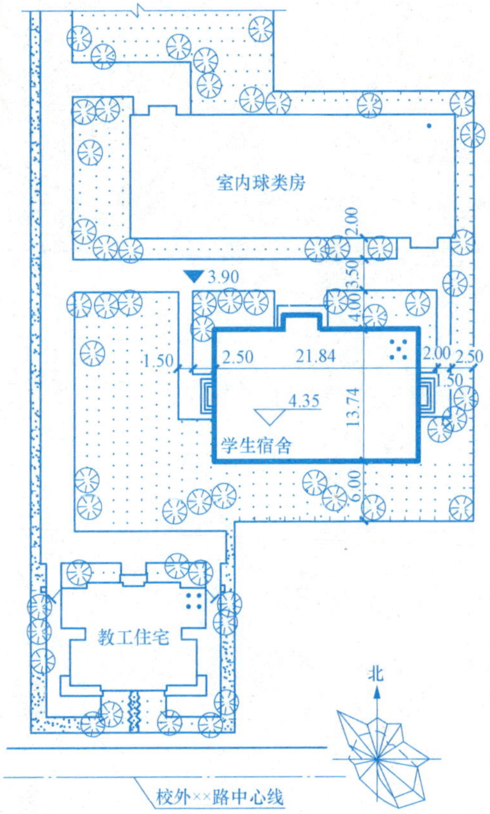

总平面图 1:500

3. 建筑平面图识图填空。

(1) 建筑物的结构类型为__________（填框架或砖混）结构，建筑物总长__________m，总宽为__________m。

(2) 室内设置的主要房间有：__________。入口有__________个，主入口在__________侧。门口台阶设__________面踏步。

(3) 该办公楼的横向定位轴线有__________根，附加轴线__________根，纵向定位轴线有__________根，纵向附加轴线有__________根。

(4) 图中外墙厚度为__________mm，内墙厚度为__________mm。办公室的开间为__________mm，进深为__________mm。

(5) 建筑物内有__________种门，__________种窗。主入口门设门斗，门编号__________，其宽度为__________mm，C1 的宽度为__________mm，数量为__________个。

(6) 室外地坪的标高为__________m，室内主要地面标高为__________m，车库地面标高为__________m。

(7) 楼梯第一上行梯段有__________级踏步，休息平台标高为__________m。

(8) 室外台阶的踏步为__________级，每级踏步宽为__________mm，每级踏步高为__________mm。台阶的做法参见__________图。

(9) 散水的宽度为__________mm，坡道的宽度为__________mm，坡度为 1：__________（计算获得）。

(10) 图中共设置__________个垂直剖切平面，其中__________剖面剖切到门厅部位，投影方向从__________向__________。

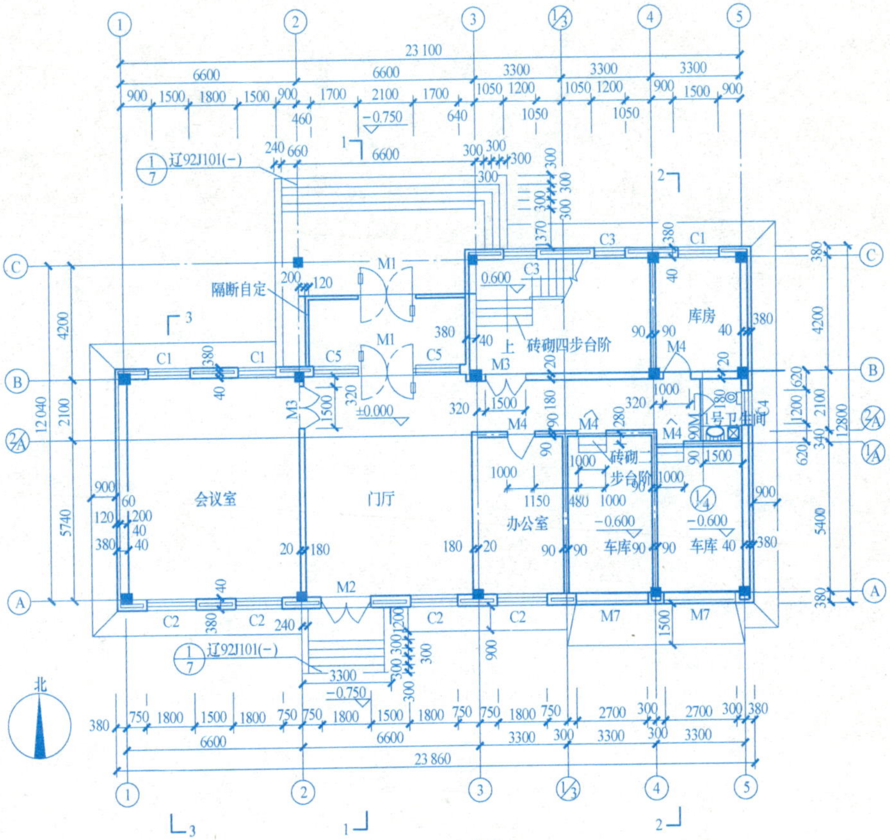

一层平面图　1:100

4. 建筑平面图识读，并按照要求完成下列题目。

(1) 标注定位轴线的编号。

(2) 标注构配件及房间名称：卫生间、厨房、过厅、卧室、散水、南台阶、雨水管。

(3) 标注楼梯符号及级数（上二层 18 级）。

(4) 补全尺寸数字。

(5) 填写标高数值（单位 mm）：室外地面＿＿＿＿＿＿、卫生间＿＿＿＿＿＿、厨房＿＿＿＿＿＿、卧室＿＿＿＿＿＿、楼门内地面＿＿＿＿＿＿、楼门外平台＿＿＿＿＿＿＿＿、花坛边平台＿＿＿＿＿＿＿＿。

(6) 填写尺寸数值（单位 mm）：建筑总长＿＿＿＿＿＿、总宽＿＿＿＿＿＿、墙厚＿＿＿＿＿＿、北卧室内墙净尺寸＿＿＿＿＿＿×＿＿＿＿＿＿、花坛外尺寸＿＿＿＿＿＿×＿＿＿＿＿＿。

(7) 写出门窗代号：进户门＿＿＿＿＿＿、卧室门＿＿＿＿＿＿、厨卫门＿＿＿＿＿＿、东西出户门＿＿＿＿＿＿；东边一户南卧出户门＿＿＿＿＿＿、南卧窗＿＿＿＿＿＿；西边住户厨房窗＿＿＿＿＿＿、北卧窗＿＿＿＿＿＿、＿＿＿＿＿＿、＿＿＿＿＿＿。

(8) 圈出图面上的索引符号及剖切符号并解释含义。

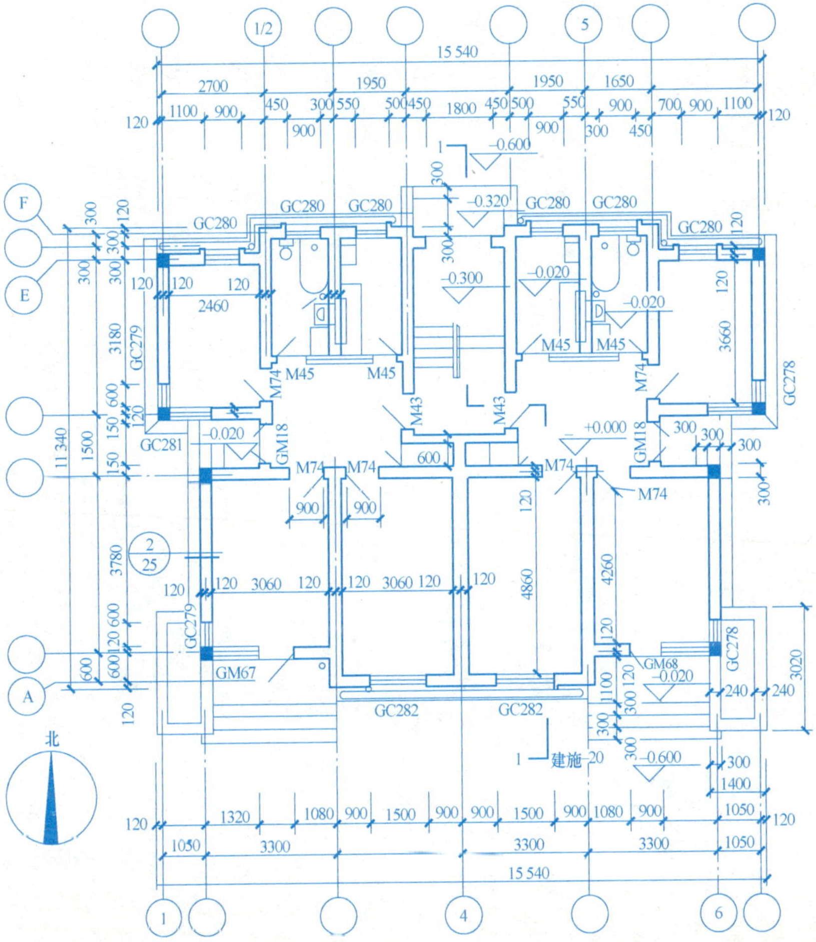

5. 识读建筑立面图，并填空回答问题。

(1) 建筑立面有__________种命名方式，通常采用__________命名方式。所给立面图的图名是__________，比例为__________，按其命名方式应为__________命名方式。

(2) 建筑立面图中地坪线用__________线表示；房屋的外轮廓用__________线表示，房屋构配件如窗台、雨篷的轮廓用__________线表示；门窗扇、勒脚、栏杆、墙面分格线及有关说明的指示线、符号线均用__________线表示。

(3) 侧墙上窗洞高分别为__________、__________和__________。窗台下两条分格线间距为__________mm。

(4) 各层对应的窗台标高分别为____________________m。

(5) 建筑共有__________层，第 3 层的层高为__________mm。

(6) 外墙面装修材料为__________，大部分采用__________，局部装饰带采用__________。

(7) 图中共有__________个雨篷，__________轴外侧所绘为玻璃雨篷。

(8) 建筑物檐口标高为__________m。

(9) 圈出图中索引符号，并解释含义。

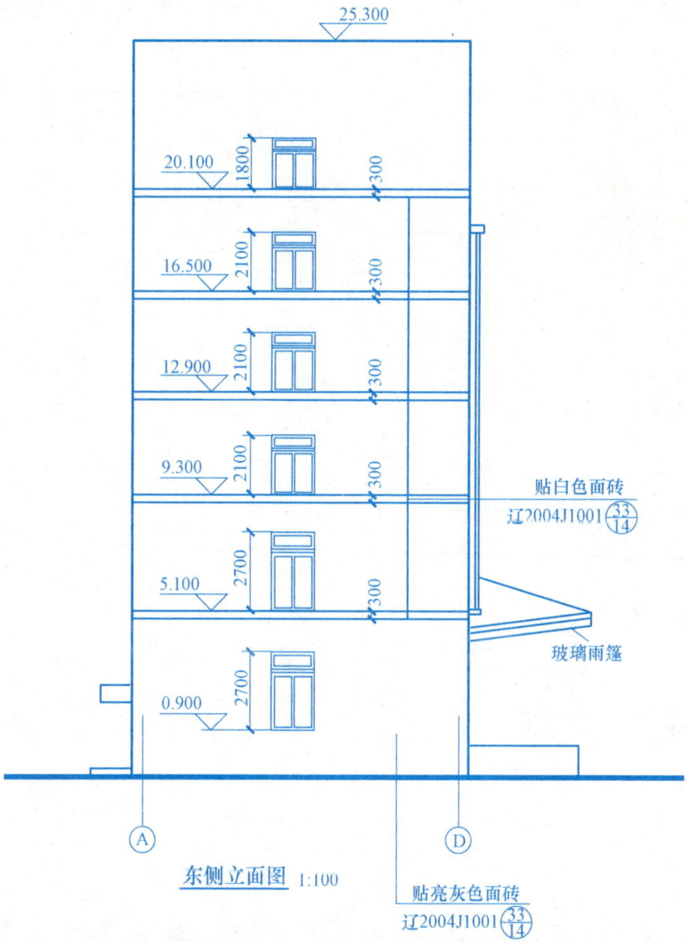

东侧立面图 1:100

6. 识读剖面图，完成下面题目。

(1) 建筑剖面图应选在______________部位，并经常通过______剖切。

(2) 该建筑物层高为______m 和______m，室内房门高度为______mm，大门门洞的高度为______mm。

(3) 图中室外地坪标高为______m，一层室内标高为______m，建筑檐口高为______m。

(4) 图中窗户高度为______mm，雨篷的悬挑尺寸为______mm，入口处台阶的踏步级数为______级，每级踏步高为______mm，踏步旁的挡台高为______mm。

(5) 图中共有______个详图索引符号，屋顶的构造层次及做法需查阅__________图。A 轴外侧雨篷详细构造需要查阅__________图。

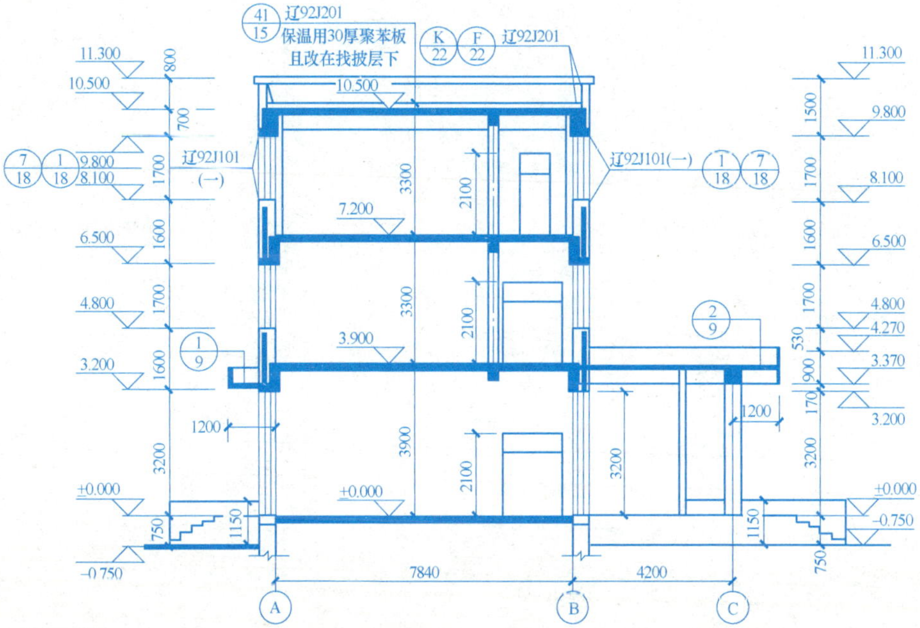

1—1剖面图 1:100

7. 识读建筑剖面图并填空。

（1）假想用__________平面把房屋从上到下剖开后所画出的剖面图，称为__________。

（2）该建筑物共__________层，檐口标高为__________m。

（3）该剖面图在一层剖切到了____________________。二层被剖切到的门有__________扇、窗户有__________樘。

（4）该办公楼层高为__________mm 和__________mm，大门门洞高度为__________mm，二层被剖切到的门洞高为__________mm。

（5）每层窗台离地高度为__________mm，各层窗洞口高度为__________mm 和__________mm。

（6）屋顶采用__________坡排水，由__________形成排水坡度，女儿墙的高度为__________mm。

（7）室外台阶的做法参见__________。其平台宽为__________mm，每级踏步宽度为__________mm，踏步高为__________mm。该建筑物的室内外高差为__________mm。

（8）在该剖面图中楼板、屋面板等__________材料的构件可采用涂黑的方式表示。

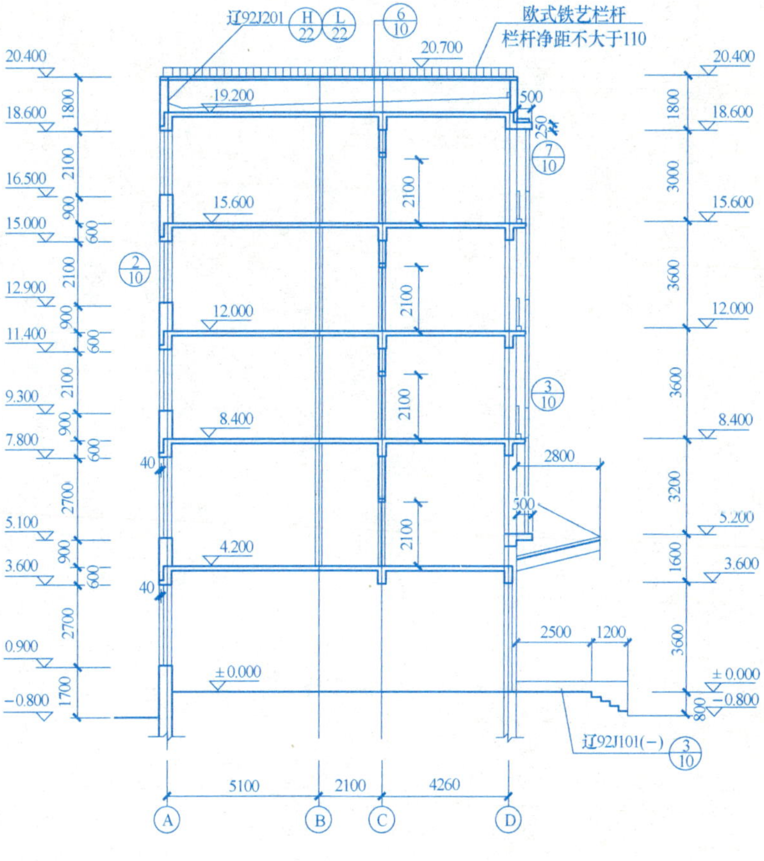

1—1剖面图 1∶100

8. 楼梯详图绘制。

请根据楼梯剖面图补绘完成楼梯平面图。要求绘制轴线编号、图线、标注上下楼梯级数及方向箭头，并标注楼层平台及休息平台的标高。

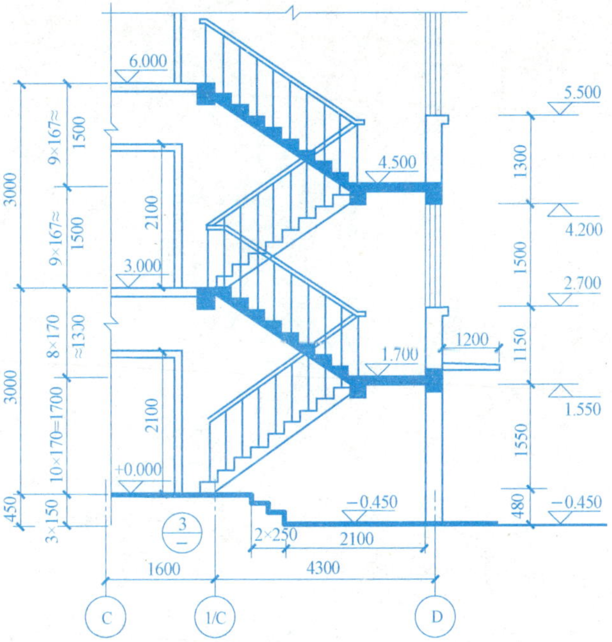

楼梯剖面图 1:50

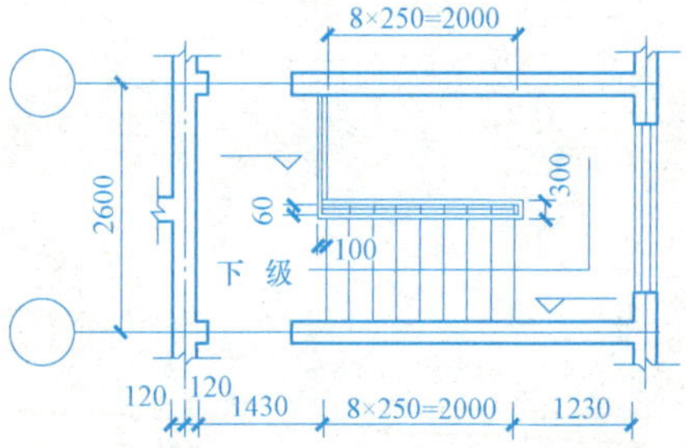

顶层平面图 1:50

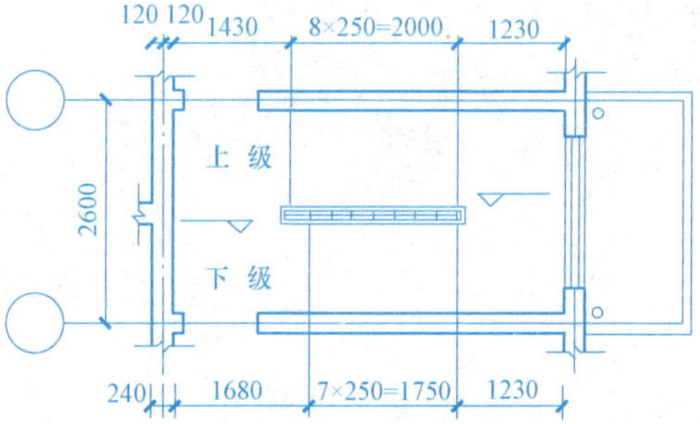

二层平面图 1:50

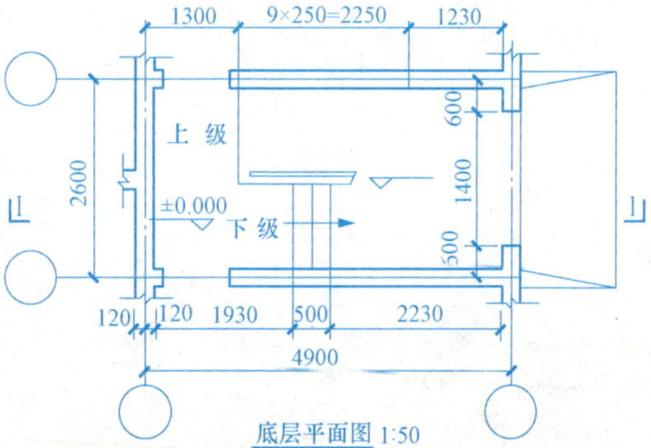

底层平面图 1:50

9. 阅读如下楼梯栏杆扶手详图。

(1) 通过读图了解楼梯栏杆扶手的材料、尺寸、形式以及它们的连接构造方法。

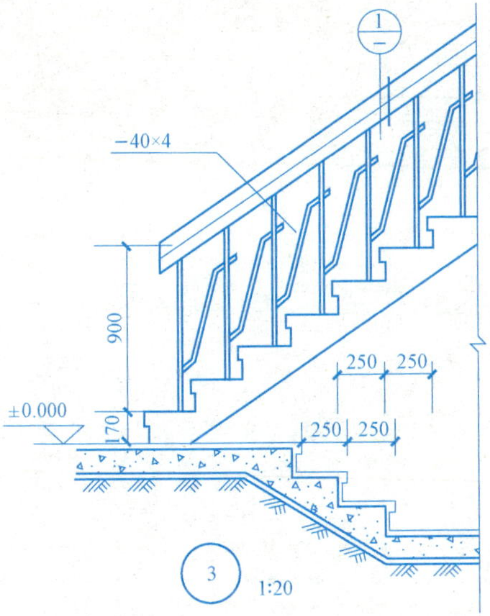

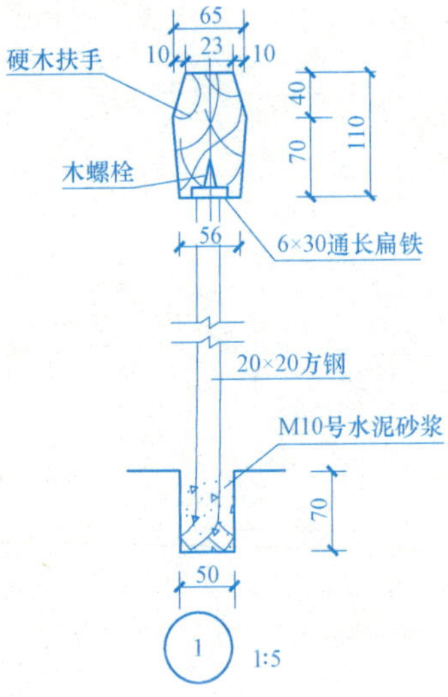

(2) 阅读外墙详图（见右图）

通过详图①了解室外散水、勒脚、室内地面及墙脚防潮层、窗台的形状和构造。

通过详图②了解门窗过梁形状、楼板的构造，以及外墙的装饰情况。

通过详图③了解檐口处屋面板构造、挑檐沟的形状、顶棚的形式，以及内墙面装饰情况。

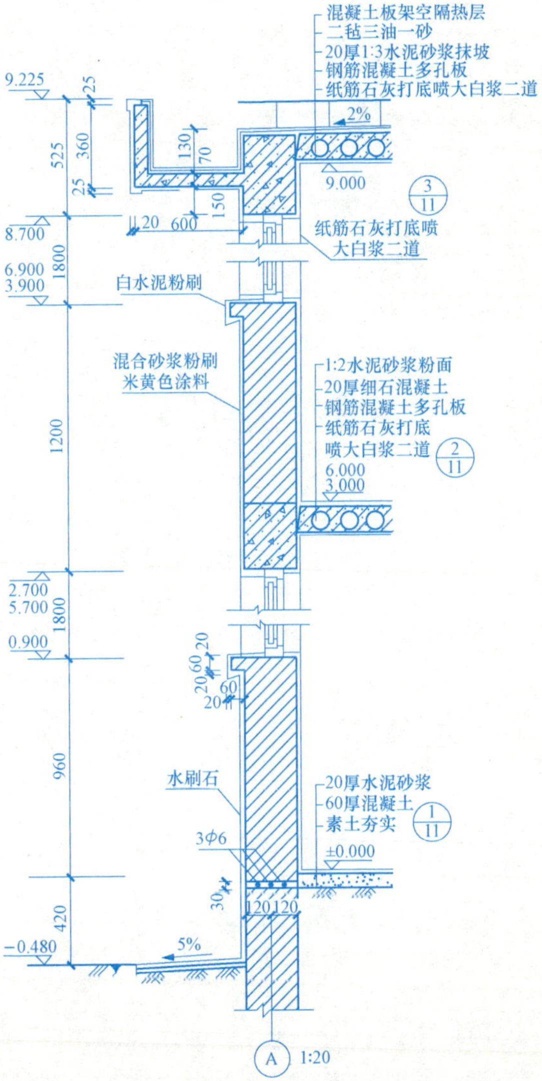

一、图名：建筑平面图

二、目的

1. 熟悉建筑平面图的形成方式、图示内容和图示方法。

2. 掌握平面图的绘图步骤及方法。

三、内容与要求

1. 图纸：A2 幅面绘图纸，铅笔加深。采用学生作业标题栏形式。

2. 内容：按 1∶100 的比例抄绘二三层平面图（如尺寸不明确可以参考一层平面图）。

3. 绘图要求：①严格按照教材上的绘图步骤进行。②严格遵守国家制图标准规范要求。③图面干净、布图合理、线型分明、尺寸完整、文字清晰。

4. 文字要求：①图中汉字应写成长仿宋体，图名为 10 号字，说明文字写 5 号字，数字 3.5 号。②标题栏中：图名、校名 7 号字、其余 5 号字。

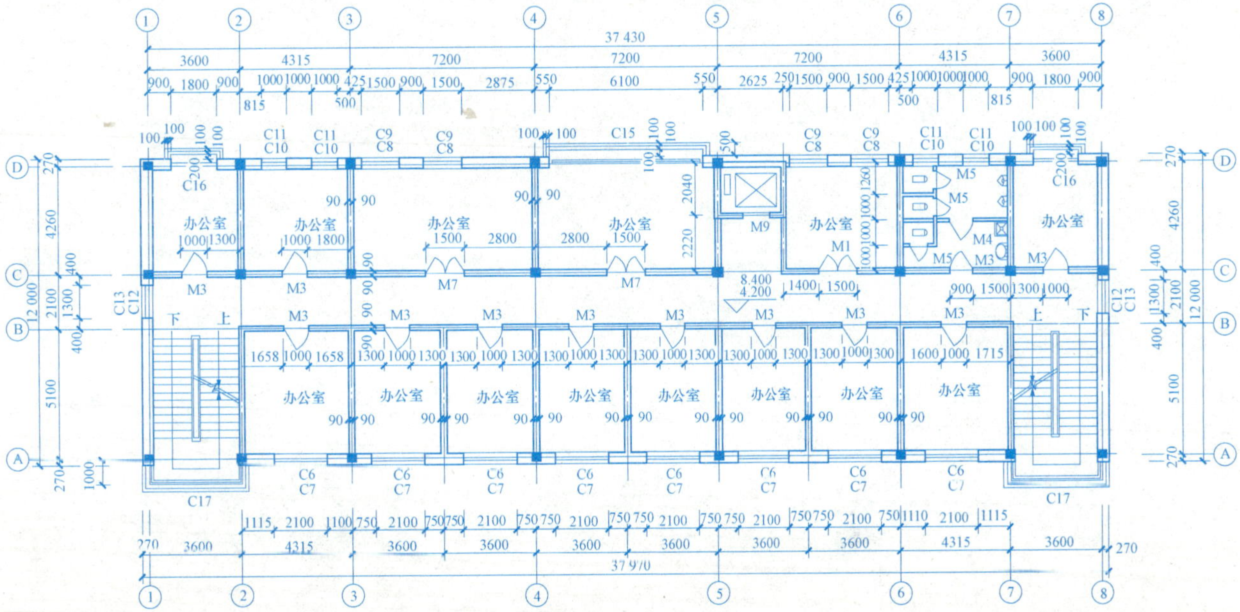

二、三层平面图 1:100

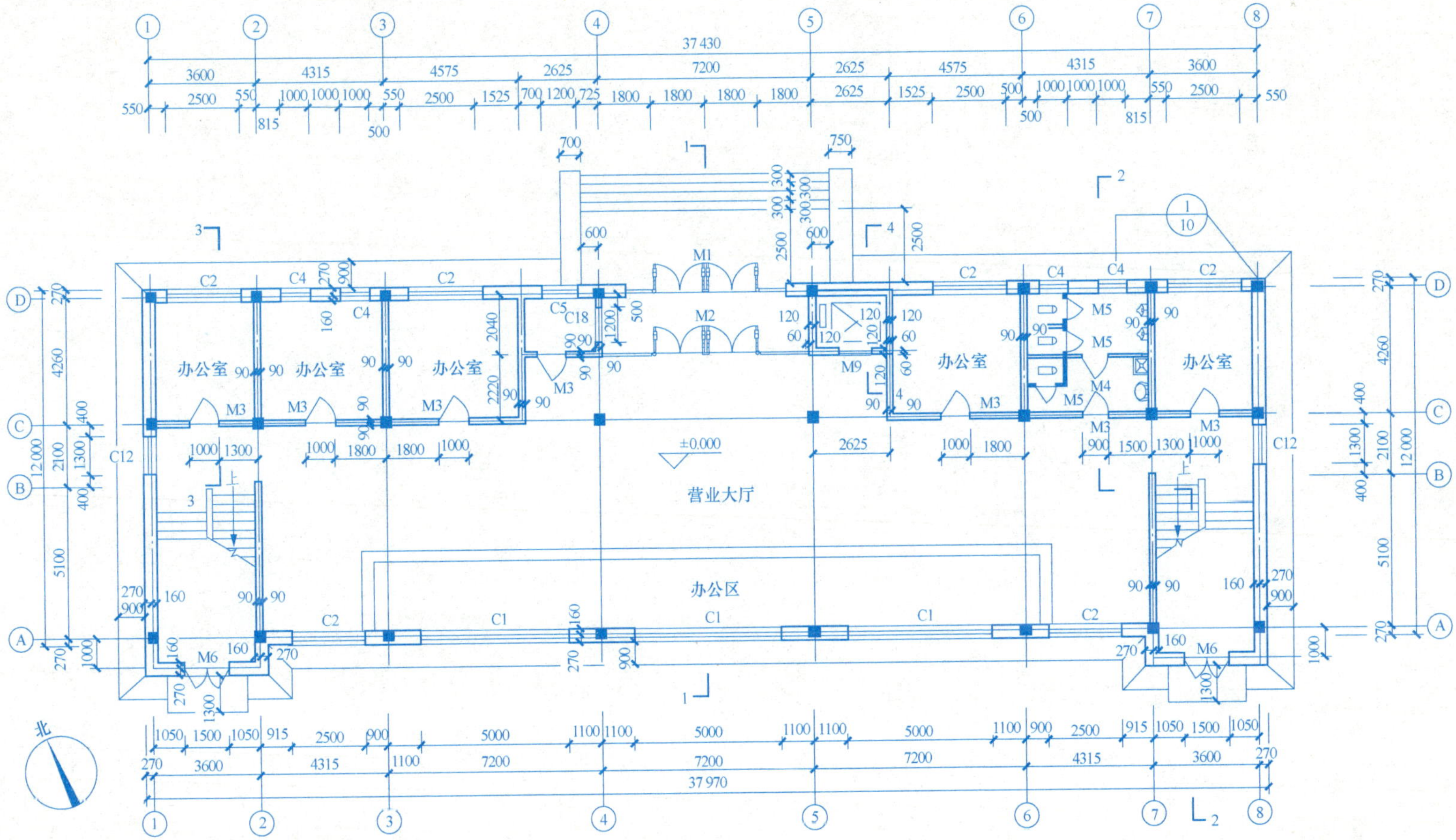
办公室
办公室
办公室
办公室
办公室
营业大厅
办公区
±0.000
M1
M2
M3
M4
M5
M6
M9
C1
C2
C4
C5
C12
C18
37 430
37 970
12 000
北
上

一层平面图 1:100

1. 填空题。

(1) 任何一幢房屋建筑物主要是由________、________、________、________、________和________组成骨架，这种骨架称为________。

(2) 房屋按承重构件的材料分________、________、________、________和________结构。

(3) 房屋按结构体系分________、________、________和________结构。

(4) 结构施工图的内容包括________、________、________。

(5) 构件代号 B 代表________，L 代表________，KZ 代表________，QL 代表________，GZ 代表________，TB 代表________，WB 代表________，TL 代表________。

(6) 钢筋按其强度和品种分成不同的等级，分别为________、________、________、________；对应的直径符号分别为________、________、________、________。

(7) 钢筋的保护层是指________________________。

(8) 钢筋混凝土构件详图中钢筋用________或________表示，构件轮廓线用________表示。

(9) 混凝土构件中的钢筋，按其作用和位置不同分为________、________、________、________、________。

(10) ①2 Φ 20 表示________________________。

(11) ⑤Φ 8@100 表示________________________。

(12) 基础施工图包括________和________。

(13) 现浇钢筋混凝土楼板底部的钢筋表示，水平方向钢筋弯钩________，竖直方向钢筋弯钩________；板顶部的钢筋，水平方向钢筋弯钩________，竖直方向钢筋弯钩________。

(14) 梁平法施工图的注写方式包括________和________。

(15) 在梁平法施工图中“KL3（3A）”表示________________________。

“Φ 8@100/200（2）”表示________________________。

“G4 Φ 10”表示________________________。

2. 完成钢筋混凝土梁的构件详图

(1) 绘制 L1 梁构件的 1—1 剖面图。

(2) 填写完成 L1 的钢筋明细表。

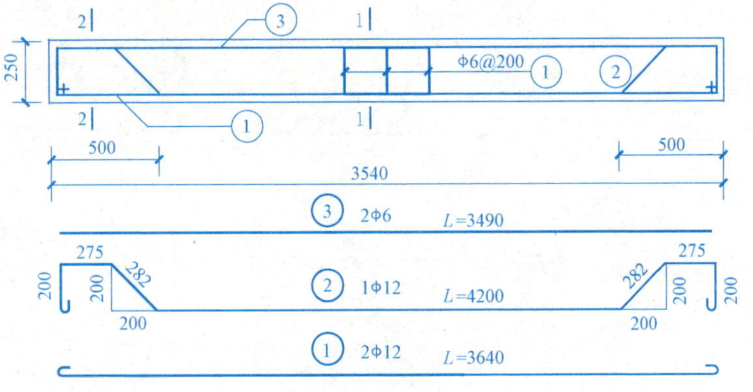

L1　1:40

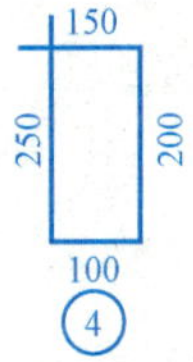

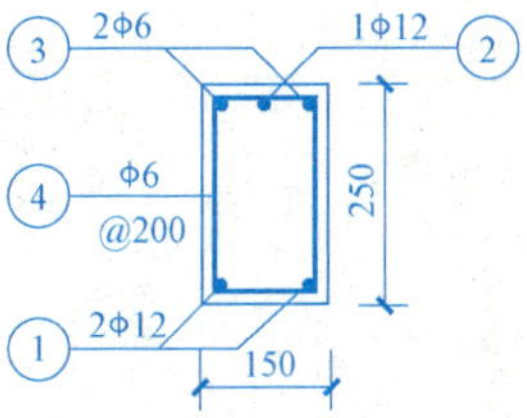

2—2　1:20

L1 钢筋明细表

编号	级别	直径	简图	单根长度	根数

1—1　1∶20

3. 识读现浇板配筋图，并填空回答问题。

（1）图中板的建筑材料采用的是＿＿＿＿＿＿。

（2）配件图中采用了断面图中的＿＿＿＿＿＿断面图的画法。将板的横断面与视图重合画在一起。

（3）现浇板的厚度为＿＿＿＿＿mm，梁的宽度为＿＿＿＿＿mm，高度为＿＿＿＿＿＿mm，板顶标高为＿＿＿＿＿＿m。

（4）板下部贯通筋横向是＿＿＿＿＿＿，纵向是＿＿＿＿＿＿；板的上部非贯通筋水平方向是＿＿＿＿＿＿，纵向是＿＿＿＿＿＿。

（5）解释④号钢筋编号的含义。

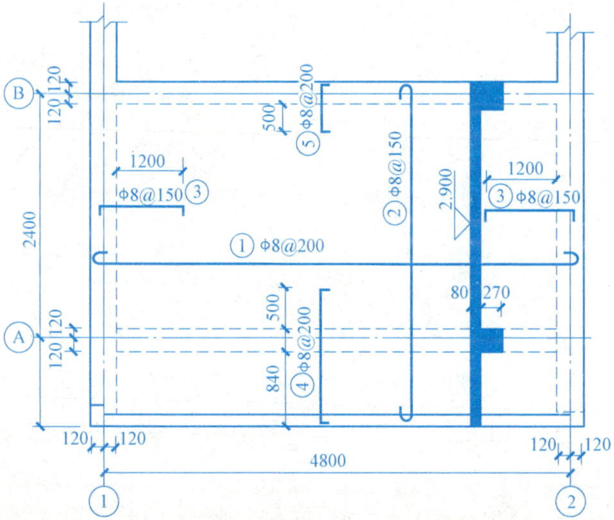

现浇板配筋图

4. 已知楼板钢筋布置图如下图，试完成以下内容：

（1）将下列钢筋信息注写在图中相应的钢筋上：

① 底部钢筋横向为Φ 10@180，纵向钢筋为Φ 10@150。

② 顶部钢筋均为Φ 6@200。

（2）用文字说明“Φ 10@150”中各数字及符号的意义。

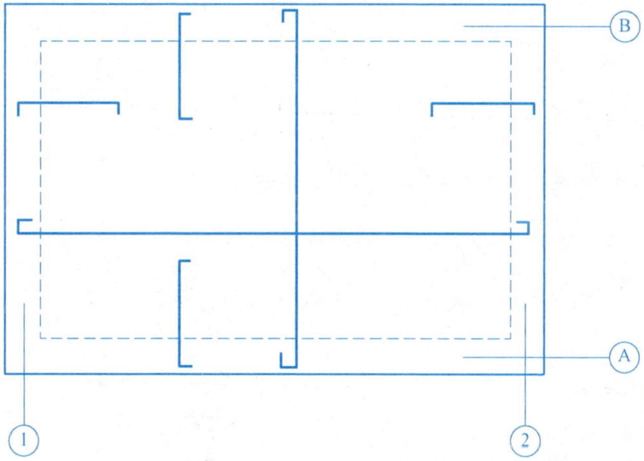

5. 正确识读柱的平法施工图（局部），并绘制KZ1基础顶～3.870、3.870～7.770的横断面图（2个），比例为1∶20。

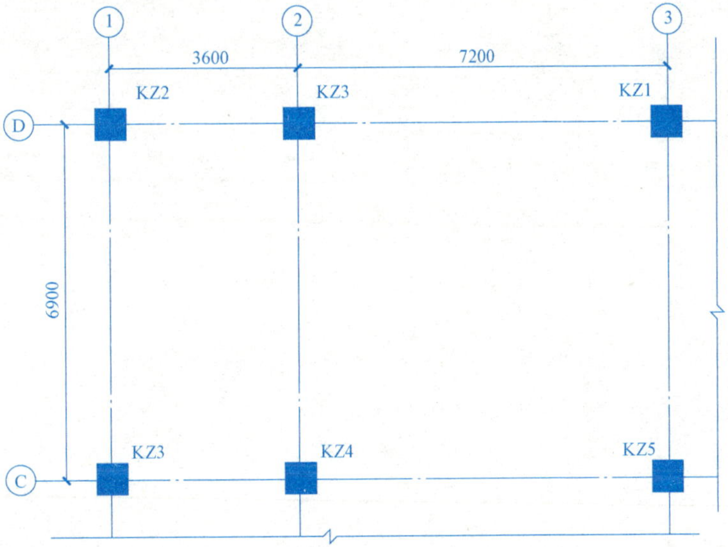

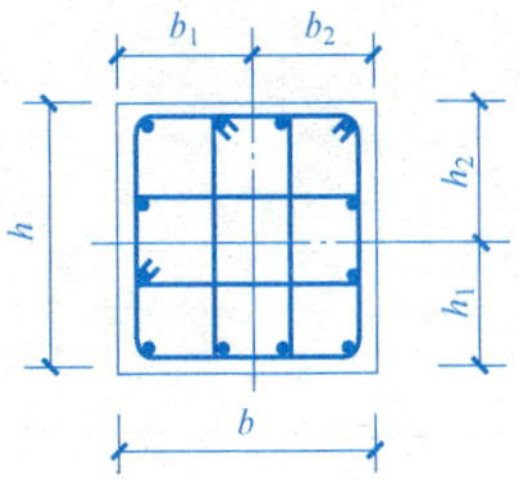

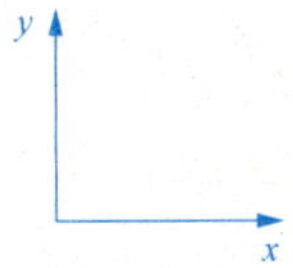

标号	标高	$b \times h$	b_1	b_2	h_1	h_2	全部纵筋	角筋	b边一侧中部筋	b边一侧中部筋	箍筋类型号	箍筋
KZ1	基础顶～3.870	600×700	300	300	300	400		4Φ25	2⏀22	2⏀22	1（4×4）	Φ8@100/200
	3.870～7.770	600×700	300	300	300	400		4Φ25	2⏀18	2⏀18	1（4×4）	Φ8@100/200

6. 解释下图中梁集中标注的内容并绘制梁的 4 个断面图，比例自定。

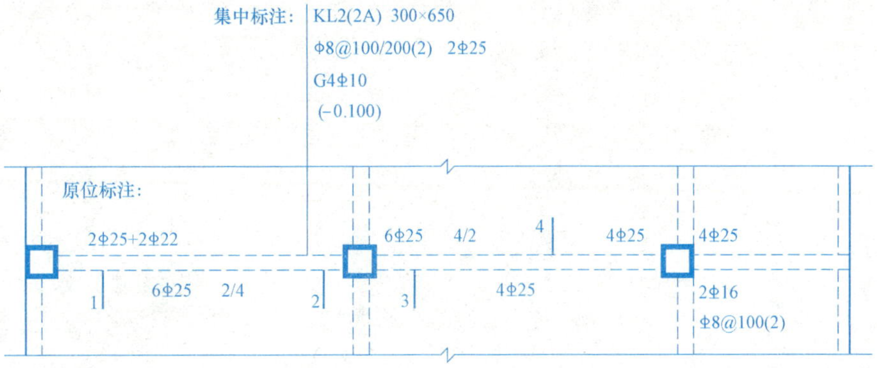

作业指导书四　绘制结构施工图

一、图名：基础平面图与基础详图

二、目的

1. 熟悉基础平面图及详图的表达内容及图示特点。

2. 掌握绘图的方法及步骤。

三、内容与要求

1. 图纸：A3 图幅绘图纸，铅笔加深。采用学生作业标题栏形式。

2. 内容：按照右侧图样及比例抄绘包括图标及说明。

3. 绘图要求：

遵守国家标准要求，布图美观、线型准确、尺寸齐全、文字规范整齐。

4. 文字要求：

图中汉字应写成长仿宋体，图名为 10 号字，说明文字写 7 号字或 5 号字，数字 3.5 号。

标题栏中：图名、校名 7 号字、其余 5 号字。

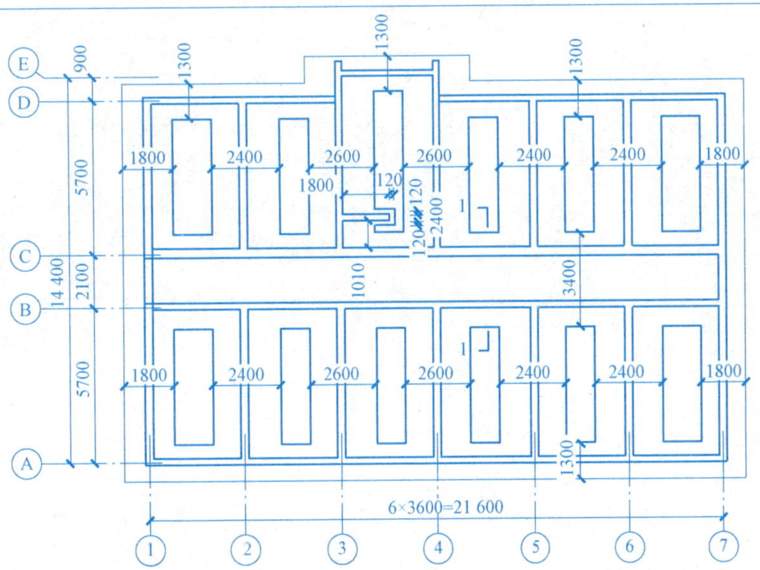

基础平面图 1:100

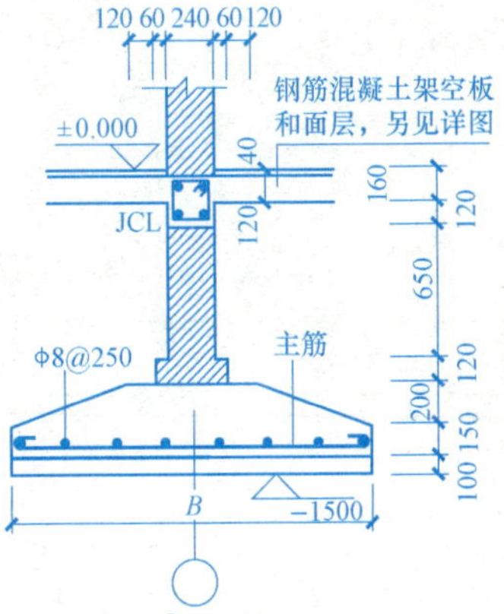

J 1:30

基础宽度B	主筋
1300	Φ8@200
1800	Φ10@150
2400	Φ12@160
2600	Φ14@180

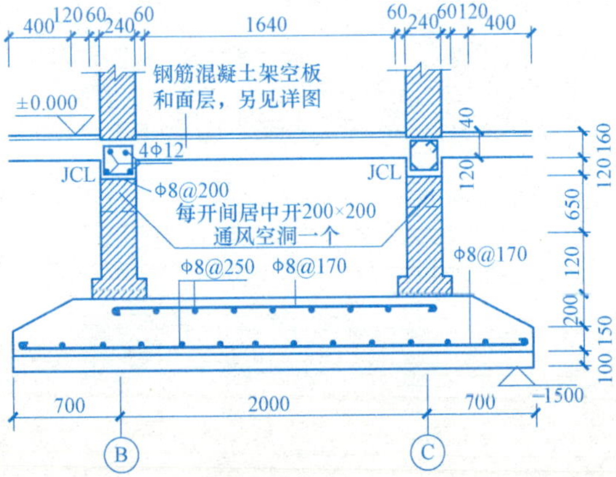

1—1 1:30

说　明

1. 钢筋混凝土基础的混凝土强度等级用C15；垫层为素混凝土C15；JCL.用C20；楼梯基础为素混凝土C15，250厚，底面标高为−1.500m。
2. 基础纵横交接处，双向配主筋，取消分布筋。
3. 砖基础用强度等级为10MU的标准砖和强度等级为M10的砂浆砌筑；JCL以上的墙身都用强度等级为M5的砂浆砌筑。
4. 砖架空板用120厚的钢筋混凝土板，架空板下填土至室外地面平，架空板的面层用40厚C20细石混凝土，随捣随光。
5. 如以基础的通用详图表示外墙基础，则室外一侧应改为标高−0.450的室外地平线，现暂借用该图。

1. 填空题。

(1) 在给排水施工图中，新设计的给排水管线用__________表示，原有的给排水管线用__________表示，新设计的不可见的给排水管线用__________表示。

(2) 标高以__________为单位。压力管道应标注__________标高，重力流管道宜标注__________标高。

(3) 填写下列管道的代号：

① 给水管道通常用字母__________表示。

② 排水管道通常用字母__________表示；也可用__________表示污水管道，用__________表示废水管道。

③ 雨水管道通常用字母__________表示。

(4) 建筑给排水平面图一般包括__________、__________和__________等。建筑给排水系统图一般包括__________和__________两种。

(5) 由于管道截面尺寸比其长度尺寸小得多，在建筑给排水施工图中一般以__________表示管道，管径尺寸以__________为单位；管道上的附件、卫生器具、各类仪表等采用__________表示，规格一般在材料明细表说明。

2. 填写下列图例符号的名称及字母、数字的含义。

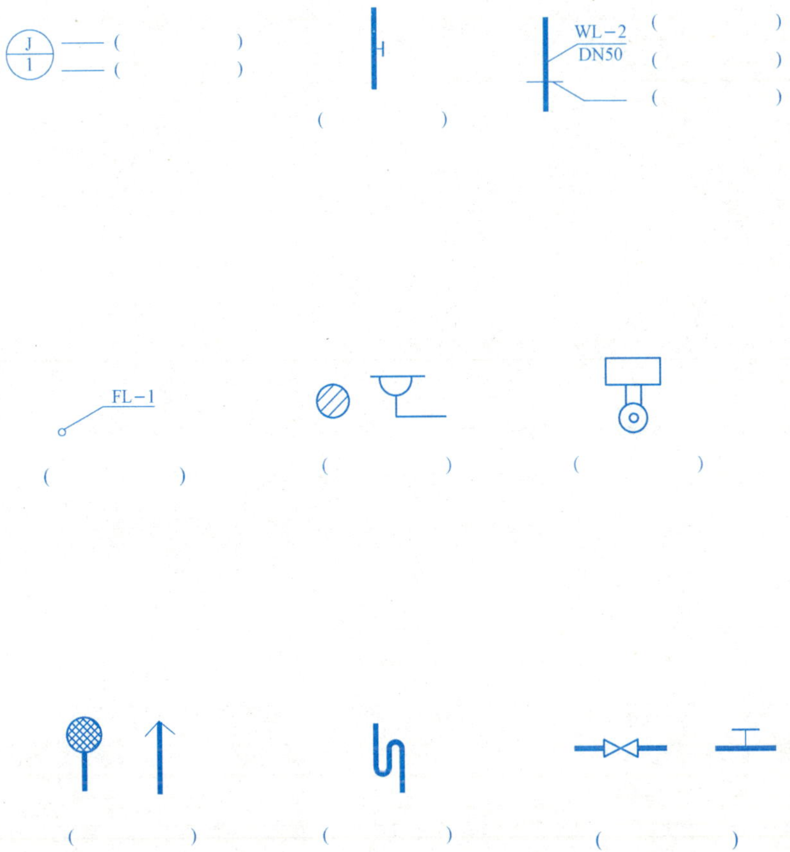

3. 画出水箱管道的管道系统图。

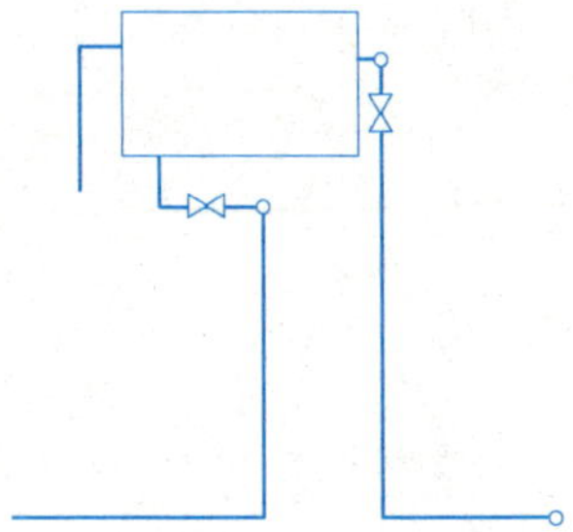

正立面图

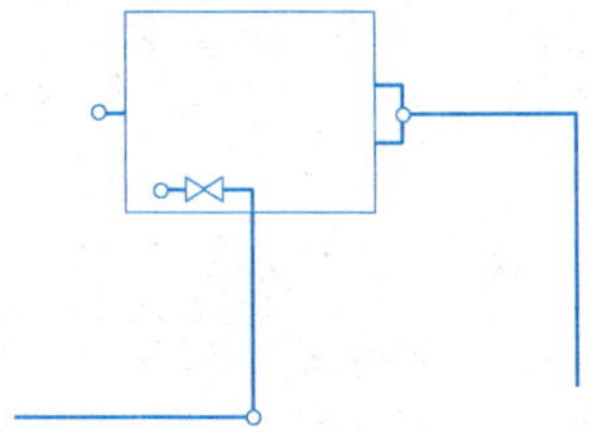

平面图

4. 下图为某建筑的给排水施工图，识图并填空。

(1) 该建筑的给水引入管有________根，代号为________。排水采用________（分流制、合流制）排水系统，排出管有________根，代号为________。

(2) 给水引入管 1 从建筑的________侧，标高________m 处穿________轴墙进户后变为________，该立管穿过三层，在每一层的管径分别为________、________和________，并在每一层距楼地面________m 处分别接出一根水平横支管给卫生间的四套________和盥洗室的________个水龙头供水。

(3) JL-1 与 JL-2 之间在标高________m 处，由一根管径为________的水平干管相连。JL-2 与 JL-3 之间则由一根管径为________的水平干管相连。JL-2 和 JL-3 分别给每一层的________、________和两组________供水。其中，一层淋浴器的安装位置为标高________m，连接小便槽冲洗管的竖管管径为________。

(4) 该建筑内排水立管共________根，代号分别为________，通气系统采用伸顶通气立管的方式，立管高出屋面________mm。

(5) WL-1 和 WL-2 分别收集________、________、________和地漏的污水，最终由管径为________的排出管 1 排至室外________。连接卫生器具的横支管坡向立管，坡度为________，安装位置为每层楼板下________mm。

(6) WL-3 和 WL-4 分别收集淋浴器和盥洗槽的废水，最终由标高为________m 的排出管________排至室外雨水沟。

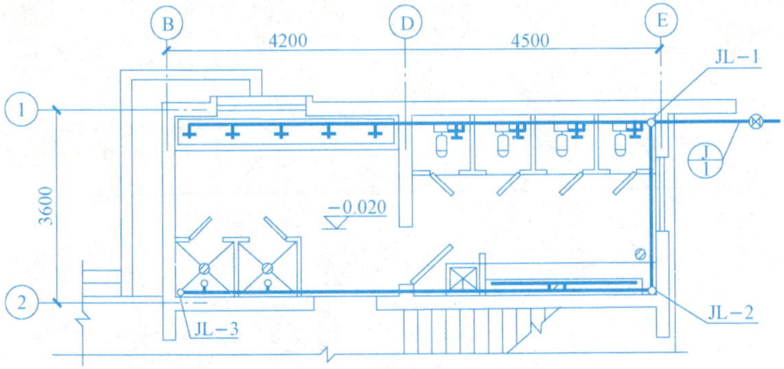

(a) 首层给水管网平面布置图

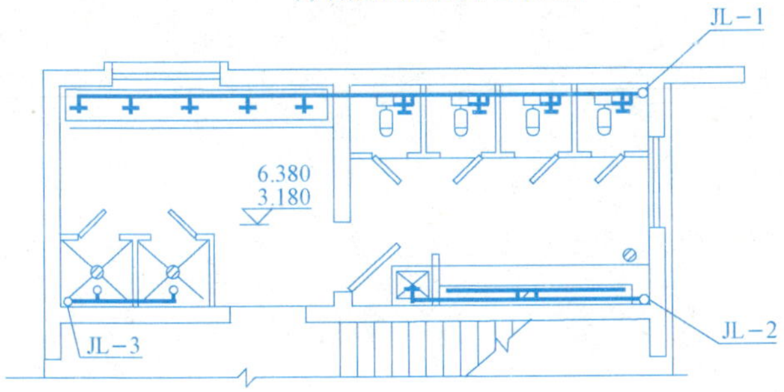

(b) 第二、三层给水管网平面布置图

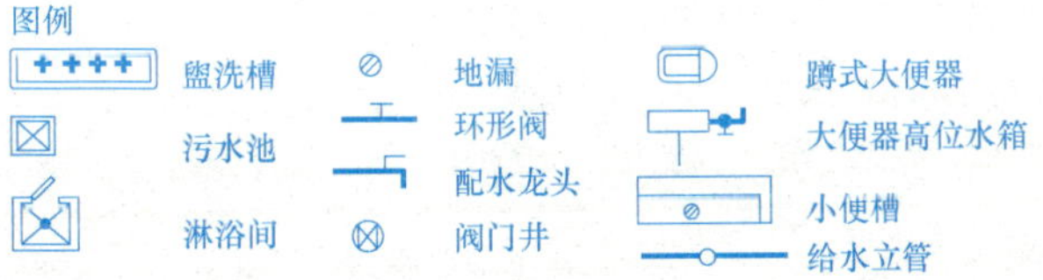

建筑给水管网平面布置图

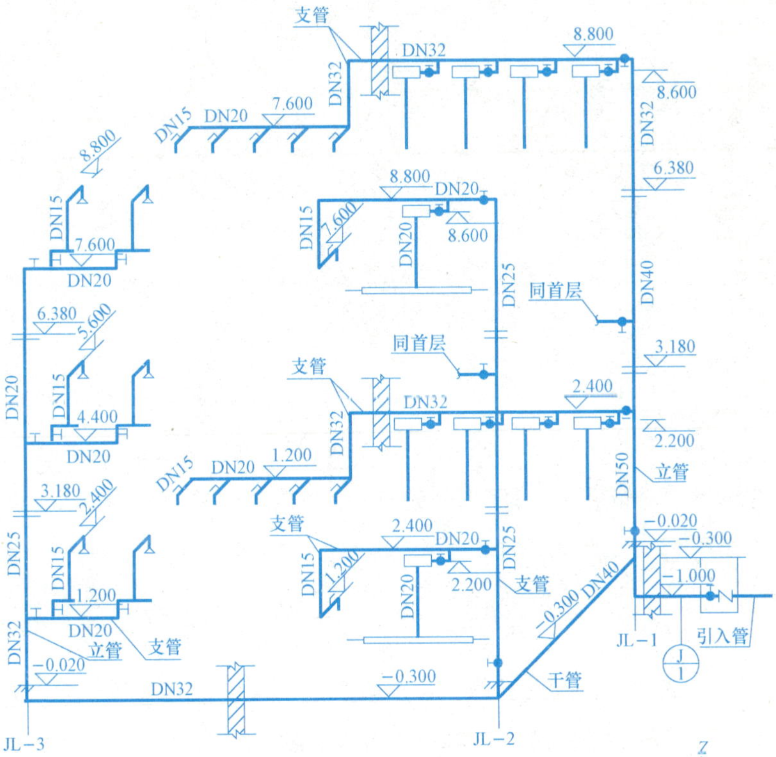

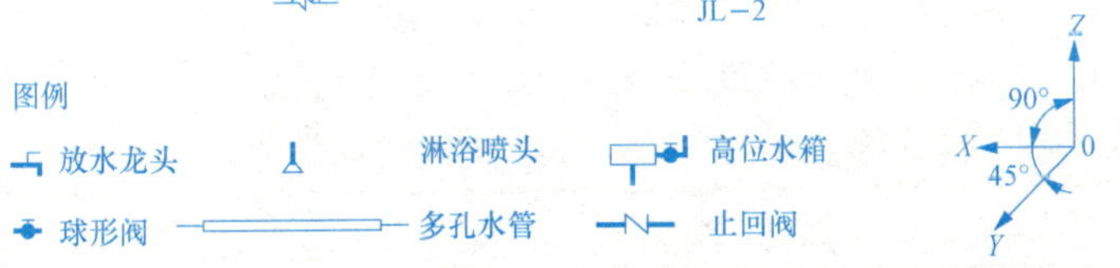

建筑给水管网轴测图

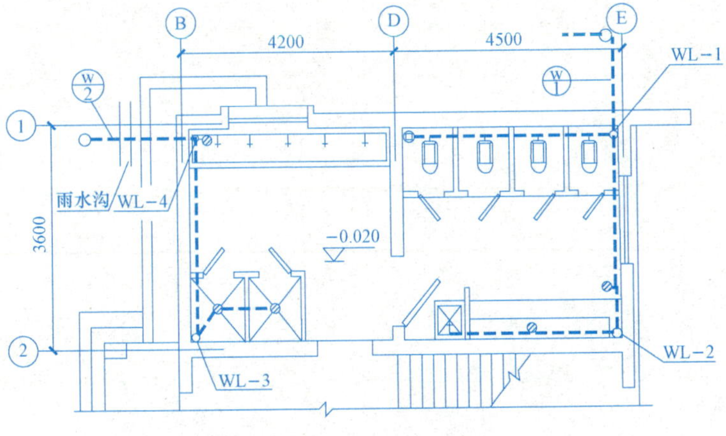

(a) 首层排水管网平面布置图

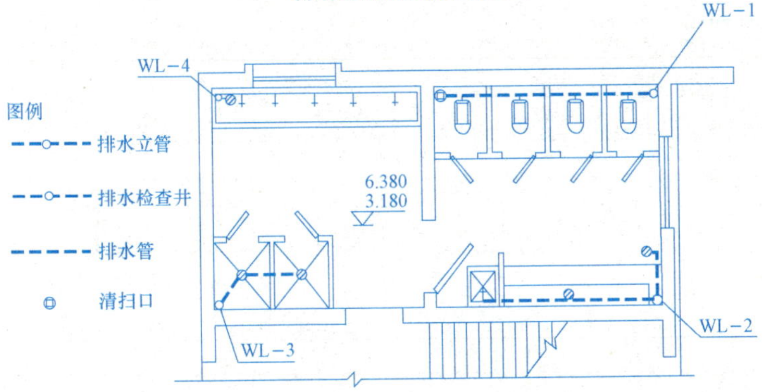

(b) 第二、三层排水管网平面布置图

建筑排水管网平面布置图

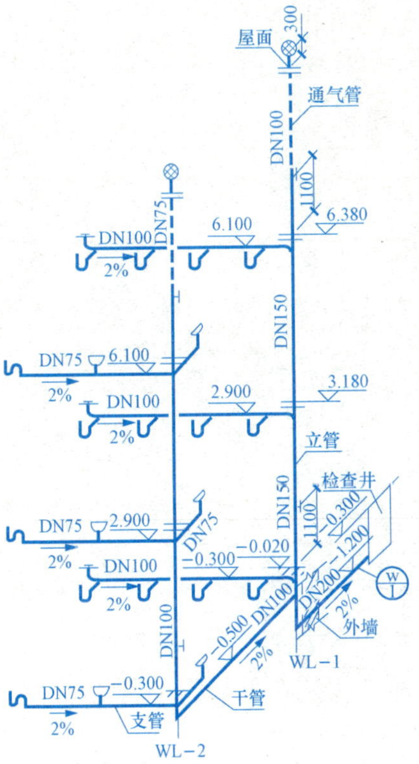

(a) 大便器、地漏、小便槽排水管网

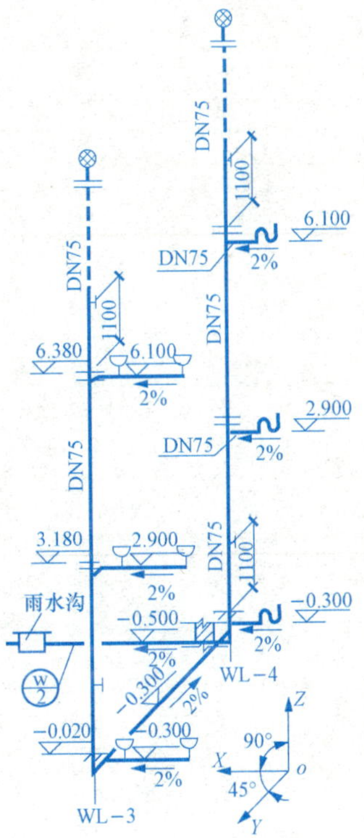

(b) 盥洗台、淋浴间排水管网

建筑排水管网轴测图

一、图名：给排水平面图和系统图

二、目的

1. 熟悉建筑给排水施工图的表达内容和表达方法。
2. 掌握绘图的方法及步骤。

三、内容与要求

1. 图纸：A3 图幅绘图纸，铅笔加深。采用学生作业标题栏形式。
2. 内容：
(1) 按照说明补全给排水系统图。
(2) 按照下图图样及比例抄绘给排水平面图和系统图，包括图例及说明。
3. 绘图要求：
遵守国家标准要求，布图美观、线型准确、尺寸齐全、文字规范整齐。
4. 文字要求：
(1) 图中汉字应写成长仿宋体，图名为 10 号字，说明文字为 7 号字或 5 号字，数字 3.5 号。
(2) 标题栏中图名、校名 7 号字，其余 5 号字。

四、说明

系统图中卫生器具安装高度如下：
(1) 给水管：大便器支管距地面 2.200m，小便器支管距地面 1.200m，淋浴器支管距地面 0.700m。
(2) 排水管：大便器支管位于地面下 0.330m，小便器支管在地面下 0.500m，地漏及清扫口安装高度与地面平齐。

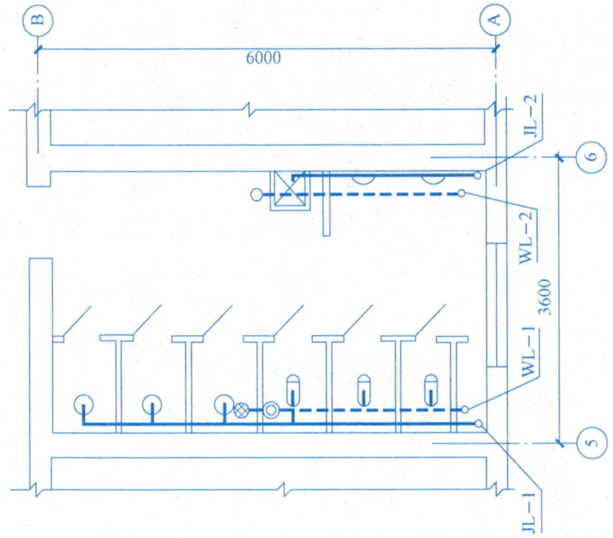

二层平面布置图 1:50

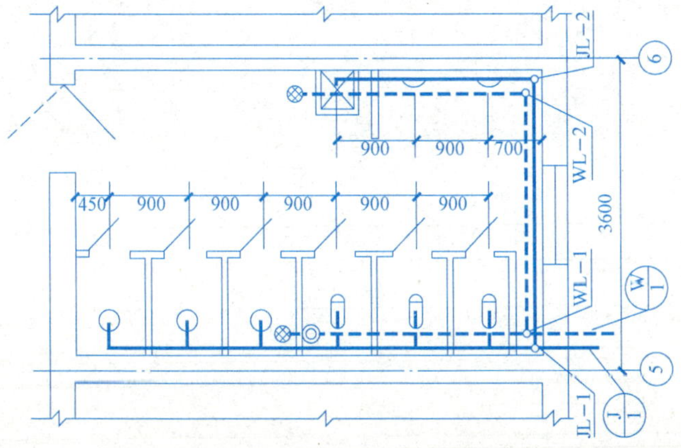

底层平面布置图 1:50

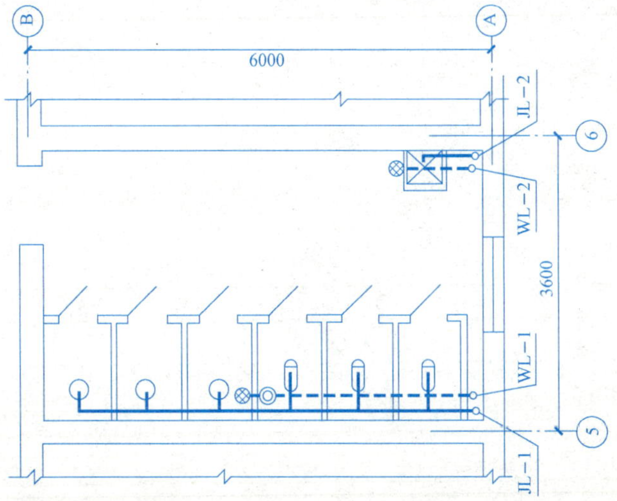

三层平面布置图 1:50

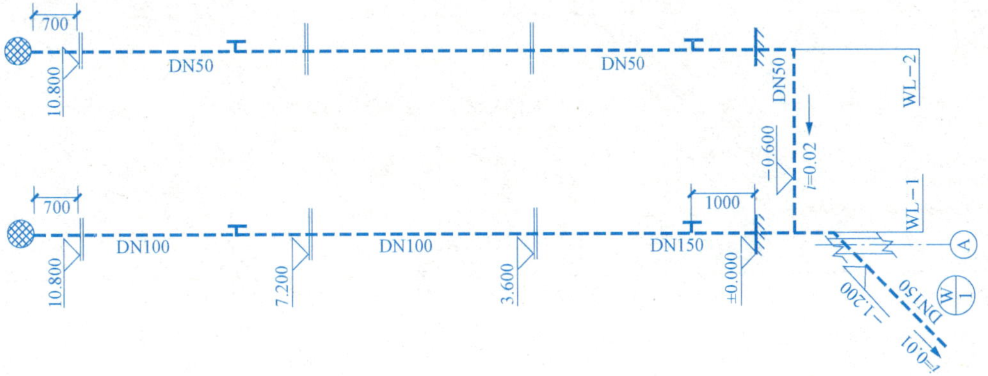

排水管网系统图 1:50

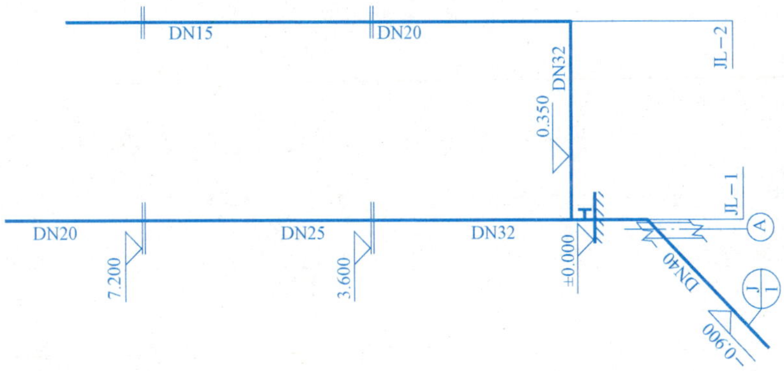

给水管网系统图 1:50

说明：
1. 本图尺寸：管径、距离以mm计，标高以m计。
2. 材料：给水管采用镀锌钢管，丝扣连接，排水管采用铸铁管，水泥砂浆接口。
3. 排水管坡度：DN50时，i=0.02，DN100时，i=0.015，DN150时，i=0.01。
4. 外露的排水铸铁管应外刷沥青两道。
5. 污水全部排至室外化粪池。

参 考 文 献

[1] 常允艳，刁乾红，孙科，等. 土木工程制图与识图习题集. 成都：西南交通大学出版社，2013.
[2] 乐荷卿，陈美华. 土木建筑制图. 4 版. 武汉：武汉理工大学出版社，2011.
[3] 聂旭英. 土木建筑制图. 4 版. 武汉：武汉理工大学出版社，2011.
[4] 王万德，王旭东. 土木工程制图习题集. 沈阳：东北大学出版社，2011.
[5] 高丽荣. 建筑制图习题集. 北京：北京大学出版社，2009.
[6] 杜丽英. 建筑制图与识图. 北京：化学工业出版社，2015.
[7] 白金波，陈玉中，张增宝. 建筑工程制图与识图习题集. 天津：天津科学技术出版社，2013.
[8] 姚青梅. 道路工程制图与 CAD 习题集. 北京：科学出版社，2013.